Shuwasystem Visual Text Book

図解入門

現場で役立つ
旋盤加工の
基本と実技

[第2版]

石田 正治 著

秀和システム

はじめに

　旋盤は、機械加工における代表的な工作機械として、機械部品の製作にはなくてはならない存在です。

　工作物を刃物で円筒状に加工する旋盤の作業内容は、多岐にわたります。また、使用する切削工具や測定器の種類が多いことも旋盤作業の特徴です。旋盤の仕事の範囲は広く、奥の深いものです。旋盤が扱えるようになれば、ほかの工作機械も容易に扱えるようになります。

　ものづくりの世界で、材料から製品をつくり上げていくとき、大事なことは、その段取りと加工手順を組むことです。そのためには、機械の基本操作や工具、測定器の取り扱いに習熟することが必要です。その上で、図面を見て、段取りと加工手順が組み立てられなくては、実際の加工はできません。

　本書は、旋盤加工の基礎知識と現場における実技を的確に習得していただくことを目的としています。また第2版では、生産現場で活躍している技術者、これから技能士資格の取得を目指している方々の手引きとなるように、技能検定2級の実技課題の加工手順を解説しています。

　本書では、旋盤の基本操作や加工手順、作業の勘どころを習得していただくために、旋盤の実技写真を掲載し、そのポイントや注意点など、留意すべき事柄を簡潔に示しています。また、旋盤の作業に必要な治具（じぐ）の作成、バイトやドリルの研削（けんさく）など、旋盤工に必須な作業について、実践的な解説をしています。

　なお、旋盤加工の段取りと加工手順の考え方を実践的に理解してもらうために、旋盤技能検定2級の実技課題やスターリングエンジンの部品製作を取り上げています。これらの技能検定課題やエンジンの部品加工を通して、機械操作や測定の技能に習熟することで、段取りと加工手順の考え方が的確にわかるようになります。

　ものづくりの楽しさを味わいつつ、旋盤工の技を身に付けてください。

　2020年9月　　　　　　　　　　　　　　　　　　　石田　正治

　本書では、旋盤加工の基礎知識と現場における実技の的確な習得を目的としています。また、生産現場で活躍している技術者、これから技能士資格の取得を目指している方々の手引きとなるような内容になっています。

◉旋盤工に必要な基礎知識が理解できる

　旋盤の特徴や役割、切削工具や測定器の扱い、旋盤の基本操作など、旋盤工に求められる基礎知識が理解できます。

◉旋盤加工の作業手順が理解できる

　旋盤加工における各種の作業手順が実践的に理解できます。
　作業の留意事項や注意点を的確に理解できます。

◉バイトやドリルの研削方法が理解できる

　切削工具の管理は、旋盤工の重要な仕事です。
　バイトやドリルの研ぎ方が具体的に理解できます。

◉治具の取り扱い、活用法が理解できる

　治具は、工作物を締め付けて固定したりするために使用する工具です。
　治具の取り扱いや活用法が理解できます。

◉加工作業の詳細が写真からも理解できる

　旋盤加工の詳細をリアルに理解できる写真を多数収録しています。

◉必読！「名工からのアドバイス」

　旋盤工には、多くの知見が財産になり、仕事に役立ちます。なかなか知ることができない名工（著者）からの貴重なワンポイント・アドバイスを多数紹介します。

◉旋盤に関係するコラムを満載

　旋盤の歴史的な位置付けをキーワードとして、旋盤にまつわる興味深いエピソード、意外な事柄などを紹介しています。

本書の構成と使い方

　本書は、第1章から第3章が旋盤加工の基本編、第4章から第9章が実技応用編という2編から構成されています。基本編では、旋盤の役割や構造、切削工具・測定器の種類、機能、取り扱いなど、旋盤加工の基礎知識を説明します。実技応用編では、旋盤の基本操作、図面に基づく段取りと加工手順の組み立て、治具の取り扱い、切削工具の研削など、実技に直結する事柄を説明します。

●効果的な学習方法

　本書は、読者の知識や技術のレベルに応じた、目的指向型の構成になっています。本書を活用した様々な学習法を以下に紹介します。

[学習法❶]　ともかく旋盤の基礎を知りたい

　第1章（旋盤の構造と役割）、第2章（切削工具の種類と機能）、第3章（測定器の種類と取り扱い）を読んでみましょう。旋盤の基礎を正しく理解することは、ステップアップを実現する上で大切です。ここでしっかり学習しましょう。

[学習法❷]　旋盤加工の基礎を知りたい

　第4章（旋盤の基本操作）を読んでみましょう。旋盤を扱うための基本的な知識を習得してください。旋盤作業の安全、保守・点検、各種のハンドル操作、バイトの取り付けなどを習得しましょう。

[学習法❸]　治具と工具研削を知りたい

　第7章（旋盤加工の治具）では、旋盤加工に便利な治具とその作り方を習得しましょう。第8章（バイトとドリルの研削）では、バイトとドリルの扱いや研ぎ方の手順を習得しましょう。

[学習法❹]　旋盤加工の手順を知りたい

　第5章（旋盤加工の段取りと手順）、第6章（技能検定2級にチャレンジ！）を読んでみましょう。図面に基づいて部品を加工するには、必要な工具の準備や作業の手順を組み立てる「段取り」が大切です。ここで旋盤加工の段取りと加工手順の考え方を理解しましょう。また、国家検定制度「技能検定」に出題される課題（図面・加工手順）を取り上げています。受検される方にも役立てていただけます。

[学習法❺]　旋盤加工をより実践的に知りたい

　第9章（スターリングエンジン部品の旋盤加工）を読んでみましょう。本章は第5章（旋盤加工の段取りと手順）の応用編です。すべての部品が旋盤でできるわけではありませんが、各部品ごとに設計の要点、加工上の留意点、加工手順を説明しています。

◉旋盤加工技術のステップアップ

　本書による段階的な学習によって、徐々にステップアップしましょう。

 Step 1　旋盤の基礎がわかる

- 第1章(旋盤の基礎)　・第2章(切削工具の種類と機能)
- 第3章(測定器の種類と取り扱い)

 Step 2　旋盤の操作がわかる

- 第4章(旋盤の基本操作)

Step 3　旋盤加工ができるようになる

- 第5章(旋盤加工の段取りと手順)　・第6章(技能検定2級にチャレンジ!)

 Step 4　旋盤加工技術を磨く

- 第7章(旋盤加工の治具)
- 第8章(バイトとドリルの研削)
- 第9章(スターリングエンジン部品の旋盤加工)

「技能検定」で技能士にチャレンジ！

◉技能検定とは

　技能検定とは、労働者の技能と専門的知識の程度を一定の基準で検定し、これを公に認定する日本の国家検定制度です。働く人々の技能と地位の向上を図ることを目的として、職業能力開発促進法（旧職業訓練法）に基づき、1959（昭和34）年度より実施されています。技能検定に合格すると、合格証書が交付され、**技能士**と称することができます。

　技能検定は1959年に実施されて以来、130職種について実施されています（2019年4月時点）。技能検定の合格者は2019年度までに累計697万人を超え、確かな技能の証（あかし）として各職場において高く評価されています。

◉技能検定の職種と等級

　技能検定には、職種によって、特級（管理／監督）、1級（上級技能）、2級（中級技能）、3級（初級技能）に区分するもの、単一等級（上級技能）として等級を区分しないものがあります。多くの職種では、1つの職種につき複数の作業と業務に細分化され、実施される等級区分も異なる場合があります。本書に関係する機械加工では、次の24作業職種に細分化されて技能検定が実施されています。

▼機械加工分野の作業職種

・普通旋盤作業	・円筒研削盤作業
・数値制御旋盤作業	・数値制御円筒研削盤作業
・立旋盤作業	・心無し研削盤作業
・フライス盤作業	・ホブ盤作業
・数値制御フライス盤作業	・数値制御ホブ盤作業
・ブローチ盤作業	・歯車形削り盤作業
・ボール盤作業	・かさ歯車歯切り盤作業
・数値制御ボール盤作業	・ラップ盤作業
・横中ぐり盤作業	・ホーニング盤作業
・ジグ中ぐり盤作業	・マシニングセンタ作業
・平面研削盤作業	・精密器具製作作業
・数値制御平面研削盤作業	・けがき作業

◉普通旋盤作業の技能内容

　技能検定における普通旋盤作業の技能内容は、各種切削工具の取り付け・加工段取り、円筒・テーパ・曲面・平面・偏心の切削、穴あけ・穴ぐり、ねじ切り、切込み・切削速度の決定、切削工具の寿命判定、刃先の再研削、作業時間見積りなどに関する技能・知識です。また、工作機械加工一般、機械要素、機械工作法、材料、材料力学、製図、電気、安全衛生に関する知識も含まれています。

◀機械加工（普通旋盤作業）
　1級の実技試験課題

◉称号の授与

　特級、1級、単一等級の技能検定の合格者には、厚生労働大臣名の合格証書が交付されます。2級、3級の技能検定の合格者には、都道府県知事名の合格証書が交付されます。等級と職種により、機械加工（普通旋盤作業）の職種では「1級機械加工技能士」のように称することができます。

◉技能検定の実施機関

　技能検定は、国（厚生労働省）が定めた実施計画に基づいて、試験問題などの作成については中央職業能力開発協会が行い、受検申請書の受付、試験実施などの業務は各都道府県職業能力開発協会が行っています。本書で培った旋盤作業の技能と知識をもとに、まずは、技能検定（機械加工2級）にチャレンジしてみましょう。

ものづくり技能を競う「技能五輪」

◉技能五輪全国大会

　技能五輪全国大会は、技能検定を実施している中央職業能力開発協会と大会開催地との共催で開催される、ものづくり技能の日本一を競う競技会です。

　技能五輪全国大会の目的は、次代を担う青年技能者に努力目標を与えるとともに、大会開催地域の若年者に優れた技能を身近に触れる機会を提供するなど、技能の重要性、必要性をアピールし、技能を尊重する機運の醸成を図ることです。

　原則、毎年11月に開催されています。国際大会である「ワールドスキルズ・コンペティション（国際技能競技大会）」が開催される前年の大会は、国際大会への派遣選手の選考会を兼ねて行われます。

　1963（昭和38）年5月に東京都で初めて開催され、1991（平成3）年の第29回大会以降は日本全国の会場で開催されるようになりました。原則的には、中央職業能力開発協会と開催都道府県との共催による実施となっています。

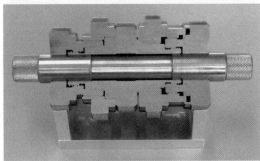

▲技能五輪全国大会（2011年）旋盤の課題

技能五輪全国大会の競技職種は45職種ですが、機械加工分野では、旋盤とフライス盤が競技職種です。参加資格は、満23歳以下の青年で、技能五輪地方予選大会で優秀な成績を収めた者です。それとは別に、熟練技能者が技能の日本一を競い合う技能グランプリという大会もあります。出場する選手は当該職種について、特級、1級および単一等級の技能検定に合格した技能士です。

ワールドスキルズ・コンペティション

　技能の世界一を競う国際競技大会は、**ワールドスキルズ・コンペティション**と呼ばれています。日本では、国際技能競技大会が正式名称で、**技能五輪国際大会**とも呼ばれています。ワールドスキルズ・コンペティションは、ワールドスキルズ・インターナショナルの主催で、2年に1回、各国持ち回りで開催されています。

　1950年にスペインで第1回大会が開かれました。1953年には、ドイツ、イギリス、フランス、モロッコ、スイスが参加しています。1954年に大会を主催する国際職業訓練協議会が設立、1966年には、国際職業訓練機構が設立されました。2000年から競技大会用の組織名称として「WorldSkills」が使われています。競技種目は公式45職種ですが、開催年、開催国によって職種が変わることがあります。

▲国際技能競技大会（2007年 沼津）数値制御旋盤の競技会場

参加資格は、大会開催年に満22歳以下の者で、過去に同一職種で参加していない者に限られています。参加選手は各国1職種につき1名または1組です。日本で代表選手になるには、国際大会の前年の技能五輪全国大会で優勝していなければなりません。日本での国際技能競技大会は1985年に大阪、2007年に静岡・沼津で開催されました。

本書に関連するWebサイト

●技能検定、技能五輪全国大会：中央職業能力開発協会

http://www.javada.or.jp/

●工作機械（旋盤）：日本工作機械工業会

http://www.jmtba.or.jp/

●切削工具：日本機械工具工業会

http://www.jta-tool.jp/

●技能：旋盤工の技

http://www.tcp-ip.or.jp/~ishida96/education/senbanko_no_waza.html

●スターリングエンジン設計図集

http://www.tcp-ip.or.jp/~ishida96/stirling_engine/SE_Drawing-index.htm

※Webサイトアドレスは、予告なく変更されることがあります。

目次

図解入門
現場で役立つ
旋盤加工の基本と実技[第2版]

Chapter 1　旋盤の構造と役割

Chapter 2　切削工具の種類と機能

Chapter 3 測定器の種類と取り扱い

Chapter 4　旋盤の基本操作

Chapter 5　旋盤加工の段取りと手順（旋盤技能検定課題の事例）

Chapter 6 技能検定2級にチャレンジ！

Chapter 7 旋盤加工の治具

Chapter 8 バイトとドリルの研削

Chapter 9　スターリングエンジン部品の旋盤加工

1

旋盤の構造と役割

主として金属を刃物で切削して目的の形状に加工する機械を工作機械といいます。工作機械は、機械の部品を加工する機械ですから、英語では**マザーマシン**（母なる機械）とも呼ばれています。

工作機械のうち、工作物を円筒状に加工する機械が**旋盤**です。機械の動く部品は、円筒形状をしていますから、旋盤は、工作機械の中でも最も基本となる機械です。旋盤の切削加工の仕組みや機械操作、工具や測定器の取り扱いに習熟すれば、ほかの工作機械も扱えるようになります。

本章では、旋盤の構造および旋盤作業でできることについて解説します。

1-1 旋盤とは

旋盤とは、工作物を回転させ、主としてバイトなどの切削工具を使用して、外丸削り、中ぐり、突切り、正面削り、ねじ切りなどの切削加工を行う工作機械です。

旋盤の特徴

旋盤（せんばん）の特徴は、工作物を回転させて加工することです。

金属材料を加工する工作機械は、切削（せっさく）工具と工作物の動き方によって分けられます。旋盤は工作物が回転し、切削工具のバイトが直線運動をします。旋盤の「旋」は、工作物を旋回（回転）させるところから来ています。ちなみに「盤」は台の意味で、旋盤は「旋回させる台」という意味です。

旋盤とは反対に、切削工具が回転し、工作物が主として直線的に動く工作機械には、フライス盤やボール盤があります。切削工具と工作物がともに直線的に動く工作機械には、平削り盤、形削り盤、立削り盤があります。

旋盤にできること

旋盤は、工作物を回転させて、これに切削工具のバイトを当てて削ります。したがって、旋盤では工作物を円筒状に削ったり、円筒状の穴をあけたりするような加工ができます。

機械部品の多くは、軸と軸受、あるいはベルト車のように回転する部品です。多種多様な機械部品のうち、動く部品の大部分は旋盤でつくられています。

また、旋盤でしかできない加工があります。**ねじ切り**と**テーパ削り**です。タップやダイスを使えば、標準ピッチの小径のメートル三角ねじのねじ切りはできますが、角ねじや台形ねじなどは旋盤でしか加工できません。また、三角ねじにおいても、特に精密なねじは、旋盤で加工します。円すい状の形を**テーパ**と呼びますが、旋盤でしかできない加工がこのテーパ削りです。

1-2 旋盤各部の名称と役割

普通旋盤の大きさ、主軸台、往復台、刃物台、心押台（しんおしだい）など、旋盤の各部の名称について、その役割とともに説明します。

普通旋盤各部の名称

普通旋盤は、主軸台、往復台、心押台、ベッド、脚の5つの部分でできています。

普通旋盤（LR-55A型）各部の名称

主軸台　往復台　刃物台　心押台

送り歯車箱　ベッド　脚

●普通旋盤LR-55A型　株式会社アマダマシナリー（旧株式会社テクノワシノ）製

🔧 普通旋盤の大きさ

普通旋盤の大きさは、センタ間距離（心間距離ともいう）、ベッド上の振り、往復台上の振りで表します。

機械実習でも使われている普通旋盤ＬＲ-55A型の大きさを次に示します。

> センタ間距離　　　ℓ ＝ 550mm
> ベッド上の振り　　d_1 ＝ 360mm
> 往復台上の振り　　d_2 ＝ 210mm

これは、加工できる工作物の最大の大きさを表しています。この旋盤では、直径約200mm、長さ約500mmの工作物の加工ができることを示しています。

ただし、センタ穴は、あらかじめ心立て盤などであけておく必要があります。

普通旋盤の大きさ

センタ間距離：ℓ

ベッド上の振り

往復台上の振り

d_1　d_2

> 普通旋盤の大きさは、センタ間距離、ベッド上の振り、往復台上の振りで表す。

主軸台各部の名称

主軸台は、工作物を回転させる主軸とその駆動装置、回転数変換装置を備えている部分です。

主軸端には、いくつかの型式がありますが、現在の普通旋盤の主軸端は、フランジ式＊（JIS A形）が使われています。この主軸端に、センタやチャック、回し板、面板（めんばん）などを取り付けて工作物を保持します。

1

旋盤の構造と役割

主軸台各部の名称

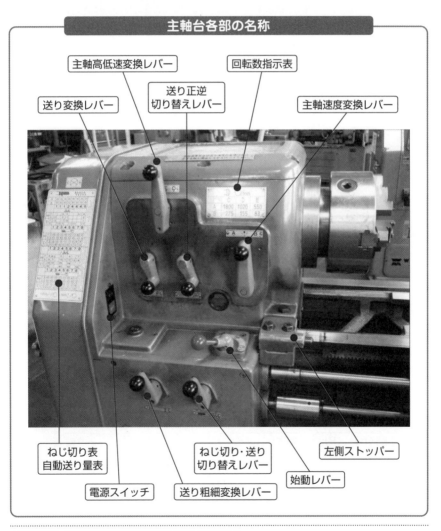

- 主軸高低速変換レバー
- 回転数指示表
- 送り正逆切り替えレバー
- 送り変換レバー
- 主軸速度変換レバー
- ねじ切り表 自動送り量表
- ねじ切り・送り切り替えレバー
- 左側ストッパー
- 始動レバー
- 電源スイッチ
- 送り粗細変換レバー

・・・

＊**フランジ式** 円筒形状から刀のつばのように出ている形のこと。

往復台各部の名称

　往復台は、図に示すように刃物台、横送り台、エプロン、サドルなどから構成されています。サドルはベット上を往復し、刃物（バイト）に縦送り運動を与える部分で、その上に横送り台があり、刃物に横送り運動を与えます。エプロンには、縦送り、横送りの自動送り・手送りの装置が内蔵され、それらのハンドルやレバーがあります。

往復台各部の名称

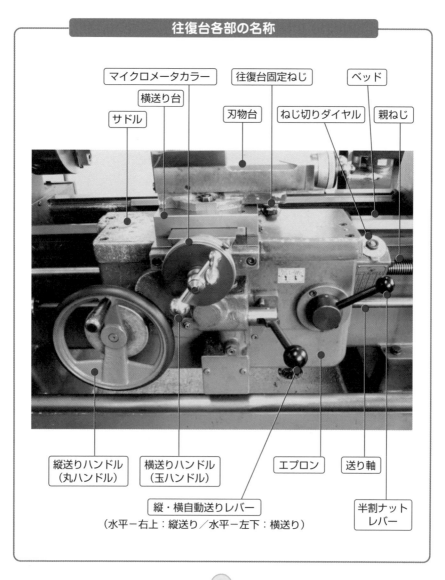

マイクロメータカラー　往復台固定ねじ　ベッド
横送り台
サドル　刃物台　ねじ切りダイヤル　親ねじ

縦送りハンドル（丸ハンドル）　横送りハンドル（玉ハンドル）　エプロン　送り軸
縦・横自動送りレバー
（水平ー右上：縦送り／水平ー左下：横送り）
半割ナットレバー

刃物台各部の名称

刃物台は、刃物（バイト）を取り付ける台です。四角刃物台は、回転することができ、4種類のバイトを取り付けることができます。

往復台の上に横送り台があり、その上に旋回台があります。この旋回台の上に刃物送り台があり、その上に刃物台があります。このような構造のものを**複式刃物台**と呼びます。

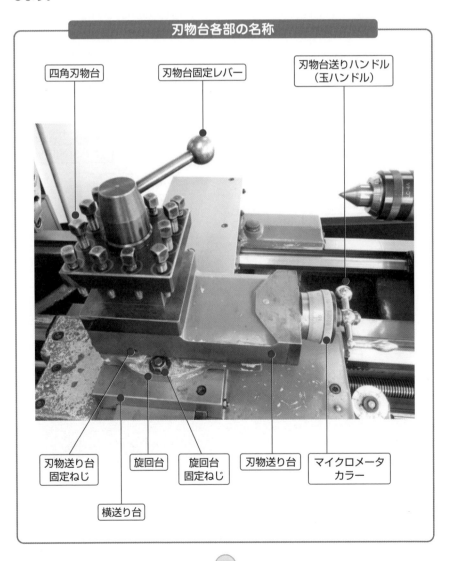

刃物台各部の名称

四角刃物台　刃物台固定レバー　刃物台送りハンドル（玉ハンドル）

刃物送り台固定ねじ　旋回台　旋回台固定ねじ　刃物送り台　マイクロメータカラー

横送り台

⚙ 心押台各部の名称

　心押台（しんおしだい）は主軸台の反対側のベッド上にあり、工作物の長さに応じて、任意の位置に心押台クランプレバーにより固定して使います。心押軸は、丸ハンドルを回して任意の長さに決めることができます。心押軸クランプレバーは、両センタ作業の際、心押軸を固定するレバーです。チャック作業でセンタ支持する場合は、心押軸を固定しないで使います。

　心押軸（しんおしじく）の前端には、モールステーパ穴があり、これにセンタを装着して工作物の一端を支えます。心押軸には、センタの代わりに、ドリルチャックやドリル、リーマなどを装着して、穴あけや穴の仕上げ作業を行うことができます。

心押台各部の名称

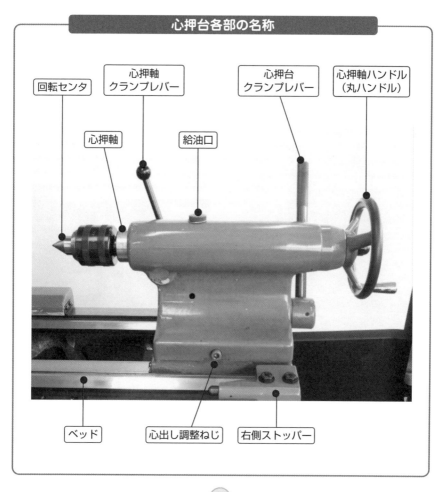

回転センタ　心押軸クランプレバー　心押台クランプレバー　心押軸ハンドル（丸ハンドル）

心押軸　給油口

ベッド　心出し調整ねじ　右側ストッパー

1-3 旋盤による主な作業

旋盤は、主軸端に取り付けたチャック、または回し板・回し金に固定した工作物を回転させ、刃物台に取り付けた切削工具（バイト）に切込みと送りを与えて切削します。これを**旋削**（せんさく）と呼びます。

外丸削り

旋削では、本項以下に示す要素作業の組み合わせで、素材から設計図に示される様々な形状に加工します。工作物の取り付け方や切削工具の種類と、その使い方を工夫することによって、さらに広範囲の旋削作業を行うことができます。

片刃バイト、剣バイト、ヘール仕上げバイトなどを用いて、工作物の外周を削る作業を**外丸**（そとまる）**削り**と呼びます。旋削の最も基本的な作業です。

外丸削り

片刃バイト、剣バイト、ヘール仕上げバイトを用いて、工作物の外周を削る作業。

名工からのアドバイス

技の五感「視覚」

刀鍛冶は、鍛えた刀剣の焼き入れのとき、赤熱の色で焼き入れ温度を見抜くといわれます。旋盤工は、切りくずの色や形で、旋削の良し悪しを判断します。

面削り

　工作物の端面を削ることを**面削り**（めんけずり）といいます。**端面**（たんめん）**削り**と呼ぶこともあります。外丸削りとともに旋削の基本的な作業の1つで、平面を加工します。

面削り

> 工作物の端面を削る作業。**端面削り**とも呼ぶ。

正面削り

　面削りと同様に工作物の端面を削る作業です。面削りとの違いですが、平面に削ることが主となる円板状の工作物の端面を加工する場合に、**正面削り**と呼びます。

正面削り

> 工作物の端面を削る作業。円板状の工作物の端面を加工する。

溝切り、突切り

溝切りは、突切りバイトを用いて工作物の外周に溝を削る作業です。溝の幅は、突切りバイトの刃先の幅によって決まります。

突切り（つっきり）は、溝切りと同じ作業ですが、工作物を切断することを突切りと呼びます。

溝切り

工作物の外周に
溝を削る作業。
工作物を切断することを
突切りと呼ぶ。

テーパ削り

工作物をテーパ状に削る作業を**テーパ*削り**といいます。外丸削りと同じバイトを使いますが、穴のテーパの場合は、穴ぐりバイトを使用します。

テーパ削り

工作物をテーパ状に
削る作業。穴のテーパは、
穴ぐりバイトを
使用する。

*****テーパ** 次第に細くなる形のこと。旋盤作業では、円すい状の形のことを示す。

⚙ 穴あけ

工作物にドリルを用いて、穴をあける作業を**穴あけ**といいます。ドリルは心押台の心押軸に取り付けます。ストレートシャンク＊の小径のドリルは、心押軸に取り付けたドリルチャックに取り付けて穴あけをします。

ドリルによる穴あけ

ドリルで穴を
あける作業。小径の
穴の仕上げにはリーマ、
大径の穴には穴ぐり
バイトを使用する。

⚙ 穴ぐり

ドリルであけた穴を、**下穴**（したあな）と呼びます。この下穴の径を大きくしたり、仕上げることを**穴ぐり**といい、穴グリバイトを使用します。小径の穴の仕上げには、リーマが使われます。6mm以上の大きな穴を仕上げるには、穴ぐりバイトを使用します。

穴ぐり

ドリルであけた
穴の径を大きくする。
仕上げには穴ぐり
バイトを使用する。

＊**シャンク** 柄の部分のこと。

おねじ切り

　外丸削りで仕上げられた工作物の外周に、ねじ切りバイトを用いておねじを切ることを**おねじ切り**といいます。旋削によるねじ切りでは、工作精度の高いねじが加工できます。

おねじ切り

ねじ切りバイトを
用いておねじを切る。
工作精度の高いねじが
加工できる。

 ## めねじ切り

　めねじ切りとは、穴ぐりで仕上げられた工作物の穴に、めねじ切りバイトを用いてめねじを切ることです。

めねじ切り

めねじ切りバイトを
用いて工作物の穴に、
めねじを切る。

1

旋盤の構造と役割

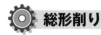

総形削り

所定の輪郭に研がれたバイトを使用して、工作物をその輪郭と同じ形状に削ることを**総形**（そうがた）**削り**といいます。

総形削り

工作物と同じ輪郭に
研がれたバイトで、
同じ形状に削る。

ローレット加工

ローレットと呼ばれる工具を用いて、工作物の外周にローレット目をつくります。

ローレット加工は切削ではありません。ローレットを外周に強く押し付けてローレットと同じ目を転写するので、**転造**＊（てんぞう）と呼ぶ塑性加工の一種です。

ローレット加工

ローレットを
外周に押し付けて
ローレットと同じ目を
転写する。

＊**転造**　金属材料が塑性変形する性質を利用した加工方法。転造ダイスを強い力で押し付けてダイスの形を転写し成形すること。

1-4 旋盤の付属品と機能

　旋盤作業においては、旋盤の主軸端にはチャックや回し板を取り付け、心押軸にはセンタやドリルチャックなどの付属品を取り付けて使います。各付属品の使い方については第4章で解説します。

スクロールチャック

　チャックは、放射状に動く3〜4個のつめで工作物を締め付けて保持するもので、主軸端に取り付けて使用します。

　スクロールチャックは、次ページの写真に示すように一般に3個のつめを持ち、つめが連動して動くので心出しを行う必要がなく、断面が円形や6角形の工作物をつかむのには便利です。旋盤作業で最もよく使われるチャックです。

　スクロールチャックには、主軸端に直接取り付ける形式のものと、アダプタプレート（面板）を取り付けて、そのアダプタプレートにチャックを取り付ける形式のものがあります。

　アダプタプレートに取り付ける形式のものは、アダプタプレートとチャックの取り付けねじを緩めて、心出しをすることができる利点があります。同軸度の高い精度を要求される部品の加工には、この形式のチャックを用いるとよいでしょう。

　スクロールチャックで、外づめと内づめが一体になっているものは、このつめを外して生づめを取り付けて使うことができます。

　生づめは焼き入れされていないつめのことです。工作物に応じて切削して使うもので、このようなチャックは、**生づめスクロールチャック**と呼ばれています。

名工からのアドバイス

技の五感「触覚」

チャックのつめで工作物をつかむとき、心出しや仕上げのとき、つめの締め具合は、名工の技の勘どころです。チャックハンドルの手がその微細な締め具合を決めます。

スクロールチャック

アダプタプレート（面板）

断面が円形や
6角形の工作物を
つかむのに便利。
旋盤作業で最もよく
使われる。

主軸端に直接
取り付ける形式と
面板にチャックを
取り付ける
形式がある。

インデペンデントチャック

インデペンデントチャックは、4個のつめを持っているので**4つづめ単動チャック**とも呼ばれています。つめはそれぞれ単独で動きます。したがって、心出し作業が必要になります。工作物の断面が円形でない、4角形や不規則な形状のものもつかむことができます。偏心軸の加工にもインデペンデントチャックが使われます。

また、各つめは、反転して装着することができ、スクロールチャックにおける内づめと外づめの両用の機能があります。

写真のインデペンデントチャックにはないのですが、大型（機械の規模）のインデペンデントチャックの中には、各つめの間にT溝が放射状に付けられていて、つりあい重りを付けたり、つめを外して面板のような使い方をしたりできるチャックもあります。

インデペンデントチャック

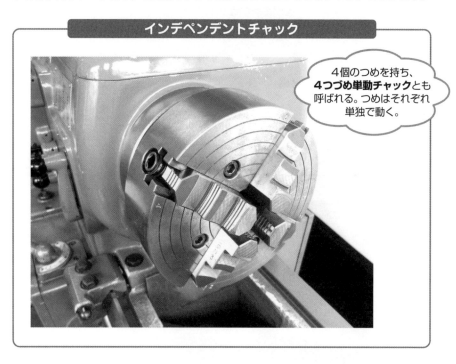

4個のつめを持ち、**4つづめ単動チャック**とも呼ばれる。つめはそれぞれ単独で動く。

センタ

　センタは、工作物の回転中心を支える付属品です。主軸に取り付ける**回りセンタ**と心押軸に取り付ける**止りセンタ**があります。心押軸に取り付けるセンタには、**回転センタ**の使用が一般的です。センタのシャンクは、**モールステーパ**が使われています。

　パイプや大径の穴があいた工作物を支えるには、**傘形**（かさがた）**センタ**が使われます。

回転センタ

モールステーパシャンク

回転する工作物の中心を支える付属品。センタのシャンクは、モールステーパが使われる。

傘形センタ

パイプや大径の穴があいた工作物を支える。

センタ角は75°

回し板と回し金

　回し板 (ドライビングプレート) と**回し金** (ケレー) は、センタ作業で使います。センタ作業とは、工作物を主軸と心押台の両センタ間に取り付けて削る作業のことです。

　回し板は、主軸端に取り付けて、センタ作業のときに回し金を介して工作物に回転を伝えます。

　回し金は、次ページの写真のように工作物に取り付けて、工作物を両センタで支え、工作物に主軸の回転を伝えます。

　回し金は、写真のような直尾形や先の曲がった曲がり尾形、ボルトが2本付いたものがあります。工作物の大きさと回し板の形式によって使い分けます。回し金の大きさは、取り付けられる工作物の最大直径で表します。

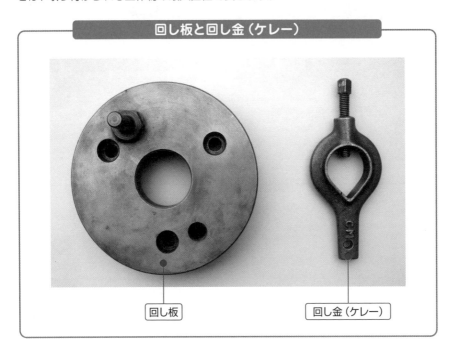

回し板と回し金 (ケレー)

回し板

回し金 (ケレー)

旋盤の構造と役割 **1**

工作物を回し金で取り付ける

主軸センタ　回し板　回し金(ケレー)　工作物

COLUMN　ケレーの語源

　回し金は、現場では**ケレー**または**ケレ**と呼ばれています。どうして、このように呼ばれるようになったのでしょうか。

　回し金は、ドイツ語ではドレーヘルツ(Drehherz)で、「回転するハート」という意味です。ハートの形をしているからです。英語ではレース・ドッグ (lathe dog)。

レースは「旋盤」で、ドッグは犬の意味ではなく「つかみ道具」の意味です。また、英語の別名では、レース・キャリア (lathe carrier)、または単にキャリア (carrier) とも呼ばれています。このキャリア、動詞ではキャリーですので、これがなまってケレーと呼ばれるようになりました。

面板

　面板（めんばん）は、主軸端に取り付けて使います。スクロールチャックやインデペンデントチャックではつかむことができないような、複雑な形状の工作物も取り付けられる円板状の取り付け具です。

　工作物は、フライス盤作業で使われるような押え金を使用して取り付けます。

　また、面板に**イケール**と呼ばれる治具を取り付けて、イケールに工作物を取り付けます。イケールとは、正確な90度の定盤のことです。面板と同様に押え金を取り付けるための長穴（ながあな）があけられています。工作物の取り付け面が面板に対して直角になっているような場合にイケールが使われます。

面板

押え金

複雑な形状の工作物も取り付けられる。

旋盤の構造と役割 1

1-5 旋盤の種類

日本工業規格のJIS B 0105（工作機械-名称に関する用語）には、普通旋盤のほかに卓上旋盤、工具旋盤など、機能と用途により25種の旋盤が挙げられています。

いろいろな旋盤

●親ねじ旋盤と正面旋盤、倣い旋盤

親ねじ旋盤は工作機械の親ねじを切る専用の旋盤です。**正面旋盤**は正面削りを主として行い、**倣（なら）い旋盤**は、刃物台が模型や型板、実物に倣って同じ形状に削り出す旋盤です。

親ねじ旋盤＊

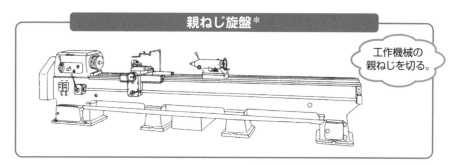

工作機械の親ねじを切る。

正面旋盤＊

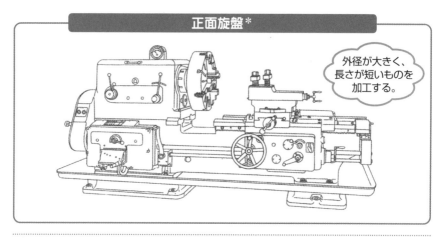

外径が大きく、長さが短いものを加工する。

＊**親ねじ旋盤／正面旋盤／倣い旋盤**　出典：JIS B 0105（工作機械－名称に関する用語）より。

●**タレット旋盤**

　タレットヘッドと呼ばれる旋回式刃物台に複数のバイトや工具を取り付け、タレットヘッドを旋回させて工程順に加工する旋盤です。

タレット旋盤*

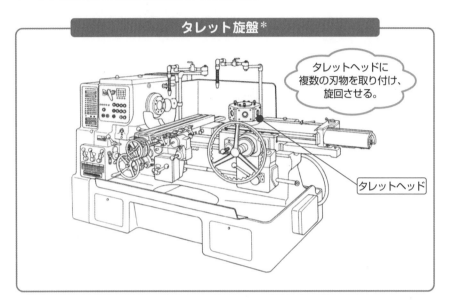

タレットヘッドに
複数の刃物を取り付け、
旋回させる。

タレットヘッド

タレット旋盤の例

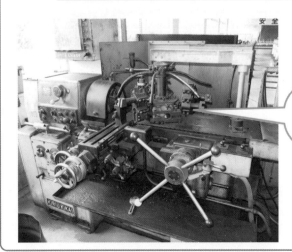

タレットヘッドに
複数の刃物や工具を
取り付けて、工程順に
タレットヘッドを割り
出して切削する。

＊**タレット旋盤**　出典：JIS B 0105（工作機械－名称に関する用語）より。

●立て旋盤

垂直面内にある主軸に取り付けたテーブルに工作物を取り付け、刃物台をコラム、またはクロスレールに沿って送り、切削する旋盤です。

立て旋盤＊

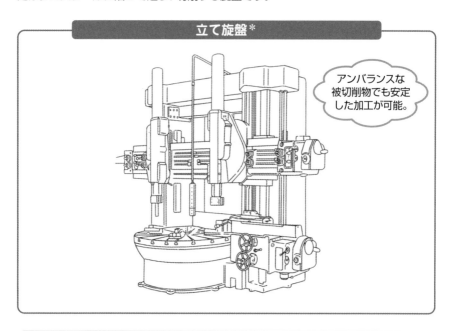

アンバランスな被切削物でも安定した加工が可能。

モーズレーのねじ切り旋盤（旋盤の歴史1）

現在の、金属を削ることのできる旋盤のルーツとなる、全金属製のねじ切り旋盤を製作したのは、イギリスの機械工ヘンリー・モーズレー(Henry Maudslay：1771-1831)です。このねじ切り旋盤（写真）は、1797年頃に製作したものと伝えられ、現在、ロンドンにある科学博物館に展示されています。

ベッドは三角形の断面形状で、工具台はこのベットを案内面にして平行移動ができ、親ねじにより工具台に送りを与えるものです。これにより正確なピッチのねじが製作できるようになりました。

出典：John Cantrell & Gillian Cookson, Henry Maudslay & The Pioneers of the Machine Age, 2002

＊立て旋盤　出典：JIS B 0105（工作機械−名称に関する用語）より。

●車輪旋盤

鉄道車両の車輪を車軸に取り付けたままの状態で、車輪の外周を切削する旋盤です。

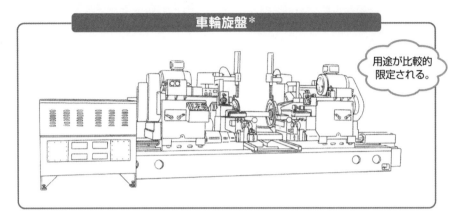

車輪旋盤＊

用途が比較的
限定される。

●クランク軸旋盤

エンジンのクランク軸のピン部またはジャーナル部を切削する旋盤です。

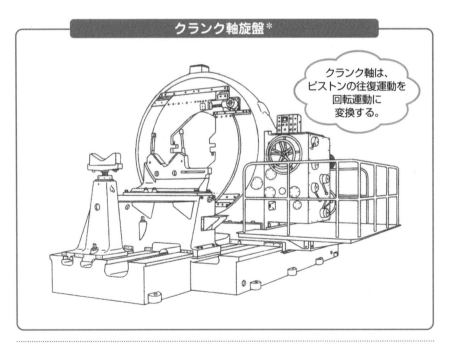

クランク軸旋盤＊

クランク軸は、
ピストンの往復運動を
回転運動に
変換する。

＊**車輪旋盤／クランク軸旋盤**　出典：JIS B 0105（工作機械－名称に関する用語）より。

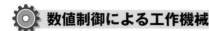

数値制御による工作機械

　1970年代より数値制御による工作機械が急速に普及するようになりました。**数値制御（NC：Numerical Control）**とは、工具の位置や移動量、移動速度をコンピュータプログラムで制御することです。現在では製造業における機械加工の中心は、**NC工作機械**です。

　数値制御旋盤は、**NC旋盤**ともいいます。また、コンピュータを旋盤本体に内蔵しているものは、**CNC**（Computer Numerical Control）**旋盤**と呼ばれています。

　NC旋盤の普及により、倣い旋盤やタレット旋盤、多軸自動旋盤などは使われなくなりました。

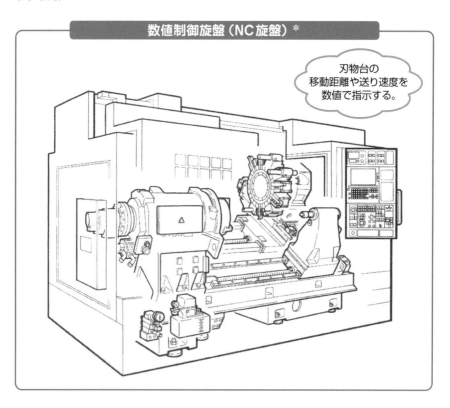

数値制御旋盤（NC旋盤）＊

刃物台の
移動距離や送り速度を
数値で指示する。

＊**数値制御旋盤（NC旋盤）**　出典：JIS B 0105（工作機械ー名称に関する用語）より。

初期のNC旋盤

1970年代より
数値制御による工作
機械が急速に
普及した。

COLUMN 国産初の足踏み旋盤（旋盤の歴史２）

「からくり儀右衛門」と称され、現在の
東芝につながる田中製作所を創業した田
中久重の下で、機械製作を学んだ山形県
出身の伊藤嘉平治が、1875（明治8）年
頃に製作した国産初の旋盤です。

本体は鋳鉄と鍛鉄でつくられ、動力は
クランクを利用した足踏み式の旋盤で
す。この旋盤は日本機械学会の2007年
度機械遺産に認定されています。

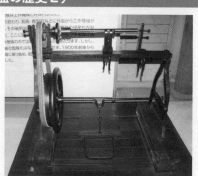

▲博物館明治村の足踏み旋盤

普通旋盤 *

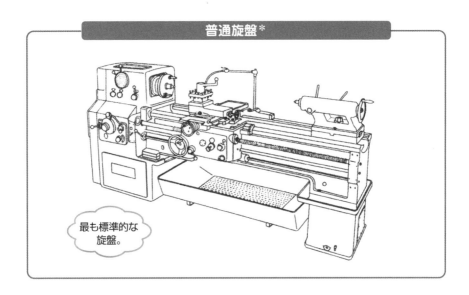

最も標準的な
旋盤。

MAZAK普通旋盤

多品種少量生産に
向いている。

＊**普通旋盤** 出典：JIS B 0105（工作機械－名称に関する用語）より。

2

切削工具の種類と機能

　工作機械は、切削工具を用いて工作物を加工します。本章では、旋盤加工で使われる切削工具について紹介します。旋盤加工で使用する切削工具としては、各種のバイト、穴あけ用のドリルがあるほか、ねじ切りにはねじ切りバイトに加え、タップやダイス、チェーザーが使われます。特殊な工具としてローレットがあります。

　旋盤加工に使われるバイトは、刃先の材質や形状によって多種多様なものがあり、それぞれJISに定められています。工作物を加工する形状やその材質により、適切なバイトを選択できるように、工具の特徴と機能をよく理解しましょう。

2-1 旋盤加工に用いる 切削工具の種類

旋盤加工に用いる切削工具には、旋削に使われるバイト、穴あけに使われるドリルや穴仕上げ用のリーマ、小径のねじ切りに使用するタップとダイス、特殊なローレットなどがあります。

切削工具の性質と材料

バイトなどの切削工具に必要な性質は、刃先の硬さが被削材（工作物）よりも硬く、耐摩耗性があり、その上に粘り強さがあって刃先が欠けたりしないことです。また、切削により刃先の温度が上昇しても、硬さが下がらないことです。切削工具の材料には、**高速度工具鋼**（通称、**ハイス**と呼ぶ）と**超硬合金**があります。サーメット＊、セラミック、CBN（窒化ほう素）、ダイヤモンドも切削工具の刃先の材料となります。

写真は、「第5章　旋盤加工の段取りと手順」で紹介する旋盤技能検定の実技課題に使われる切削工具一式です。超硬スローアウェイバイトの片刃（かたは）バイト（荒削り用、仕上げ削り用）、高速度鋼付刃バイトの横剣（よこけん）バイト、ヘール突切りバイト、ヘールねじ切りバイトという5種類のバイトで、実技課題の加工ができます。

旋盤加工で用いるバイト一覧

左の2本は超硬片刃バイト、中央は横剣バイト、右の2本はヘールバイト。

心高を合わせるための敷金（敷板）。

＊サーメット　炭化チタンなどの窒化化合物を焼結した合金のこと。メタルとセラミックからの造語で、超硬合金とセラミックの中間の硬さと粘り強さがある。

2-2 バイトの刃部の構成と役割

バイトの種類は、刃部の材料、構造、シャンク（取り付け部）の形態、刃部の形状、用途により分類されています。ここでは、刃部の材料として高速度工具鋼と超硬合金のバイトについて述べます。

バイト各部の名称

バイトは、図に示すように、**シャンク**と呼ぶ本体の部分と刃部で構成されています。刃部は、切削の切れ刃となる部分で、高速度工具鋼や超硬合金が使われます。

切れ刃は、**主切れ刃**、**副切れ刃**という呼び方以外に**前切れ刃**、**横切れ刃**とも呼びます。

各部の名称（横剣バイト）

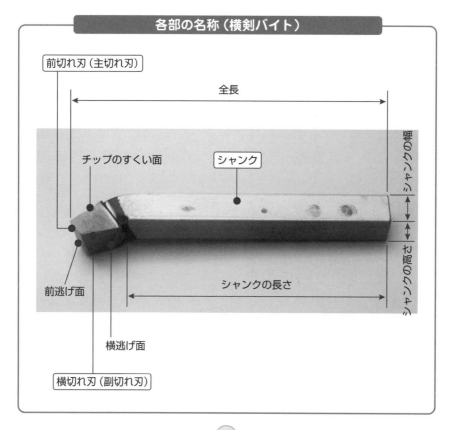

- 前切れ刃（主切れ刃）
- 全長
- チップのすくい面
- シャンク
- シャンクの幅
- 前逃げ面
- シャンクの高さ
- 横逃げ面
- シャンクの長さ
- 横切れ刃（副切れ刃）

2
切削工具の種類と機能

⚙ バイトの刃部とその役割

　バイトの刃部は、6つの角（かく）とノーズ半径（刃先の丸み）で構成されています。日本工業規格（JIS）では切れ刃の角度は6つの角以外に多くの角を規定していますが、旋盤加工では6つの角を理解しておけばよいでしょう。

　切れ刃の角には、**すくい角**、**切れ刃角**、**逃げ角**があります。それぞれ、上すくい角、横すくい角、主切れ刃角（横切れ刃角）、副切れ刃角（前切れ刃角）、主逃げ角（横逃げ角）、副逃げ角（前逃げ角）があります。

　また、工作物と切れ刃のなす角度は**切込み角**と呼び、すくい面と逃げ面でできる角を**刃物角**と呼びます。主切れ刃と副切れ刃でできる角は**刃先角**と呼びます。

　すくい角と逃げ角は、バイトの切れ味を決定する角です。軟鋼や銅などの軟らかい材料の旋削では、すくい角と逃げ角を大きくします。また、鋳鉄のような硬い材料の旋削では、すくい角と逃げ角を小さくします。

　切込み角は小さいほど、切りくずの幅が大きくなります。刃にかかる切削力が分散して刃先の寿命を助けますが、ビビリ*が生じやすくなります。

COLUMN　世界一の完成バイト「アッサブ（ASSAB）」

　知る人ぞ知る**アッサブ**の完成バイトです。世界最高のハイス（高速度工具鋼）と呼ばれ、スウェーデン鋼を母材にしてつくられています。

　入念な焼き入れ、焼き戻し処理により、極めて微細な粒子の均一な配列からなる組織を持っています。非常に高い硬度

（HRC68〜69）と切削性を発揮する、代表的な高品位の完成バイトです。

　同種の他社の完成バイトと比較して、その切れ味と耐摩耗性は抜きん出ています。アッサブは、現在はボーラー・ウッデホルム社の製品として販売されています。

▼アッサブの完成バイト

＊**ビビリ**　切削時に工作物とバイトの間で発生する振動のこと。コラム（本文124ページ）参照。

バイトの刃部の角

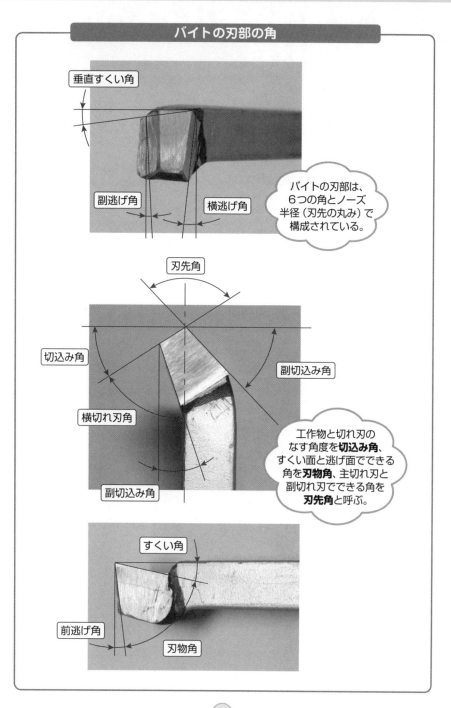

垂直すくい角

副逃げ角　横逃げ角

バイトの刃部は、6つの角とノーズ半径（刃先の丸み）で構成されている。

刃先角

切込み角

副切込み角

横切れ刃角

副切込み角

工作物と切れ刃のなす角度を**切込み角**、すくい面と逃げ面でできる角を**刃物角**、主切れ刃と副切れ刃でできる角を**刃先角**と呼ぶ。

すくい角

前逃げ角

刃物角

2

切削工具の種類と機能

2-3 超硬合金バイトの種類 と材料

超硬合金を用いたバイトには、刃先のチップをろう付けした付刃（つけは）バイトと、チップをホルダに差し込み、締め付けて用いる**クランプバイト**があります。

超硬付刃バイトと超硬クランプバイト

チップのすべてのコーナーが摩耗して使い終わったら、新しいチップと交換する方式のものを**スローアウェイバイト**と呼びます。現在では、スローアウェイバイトが普及し、付刃バイトやクランプバイトは特殊な加工以外では使われなくなりました。

切削工具用超硬合金は、その被削材の材質と切りくずの形状によって、JISではP、M、K、N、S、Hの6種類に分類しています。

超硬付刃バイト

先丸剣バイト（36形）　　片刃バイト（34形）　　片刃バイト（33形）

先丸すみバイト（39形）　　向きバイト（41形）

50

連続形切りくずの出る一般鋼材用の**P種**、マンガン鋼・ステンレス鋼用の**M種**、非連続形切りくずの出る鋳鉄用の**K種**、アルミニウムなど非鉄金属用の**N種**、耐熱合金・チタン用の**S種**、チルド鋳鉄など高硬度材料用の**H種**があります。

工作物の材質と作業条件に合った超硬チップを選択しましょう。

超硬クランプバイト

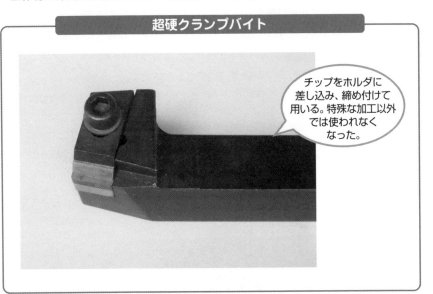

チップをホルダに差し込み、締め付けて用いる。特殊な加工以外では使われなくなった。

COLUMN 超硬合金の発明

炭化タングステン（WC）や炭化チタン（TiC）の微粉末を結合材コバルト（Co）と混ぜ合わせて焼き固めた（焼結）ものが**超硬合金**です。

その製法を発明したのは、ドイツのカール・シュレーターとハインリッヒ・バウムハウアーです。2人は1923年に特許を取得し、オスラム社がこの特許を買い取りました。特許は1925年に鉄鋼メーカーのクルップ社に転売されて、1926年にWidia（wie Diamant：ダイヤモンドのような）と名付けて販売されました。

日本では、1929年に東芝の前身、芝浦製作所と東京電気が日本初の超硬合金「タンガロイ」を市販したのが始まりとされています。

その直後に、住友電線製造所（現在の住友電工）は「イゲタロイ」の名で、三菱鉱業（現在の三菱マテリアル）は「ダイヤチタニット」の名で、それぞれ超硬合金工具を開発し、市販しています。この3社は、「超硬工具の御三家」と呼ばれています。

超硬スローアウェイバイト

スローアウェイ（throw away）とは、刃先が摩耗したり欠損したときは、再研削しないで使い捨てにするチップのことです。正三角形チップでは両面で6カ所、正四角形のチップでは両面で8カ所使用できます。

刃物台に取り付けてある**超硬スローアウェイバイト**は、チップを換えるだけでよく、心高を改めて調整する必要がないので、NC旋盤ではなくてはならないバイトです。普通旋盤作業においても、超硬付刃バイトの研削は、専用の工具研削盤が必要になりますので、現在ではスローアウェイバイトを使うのが一般的です。

スローアウェイチップの呼び記号の付け方は、JIS B 4120:1998に規定されています。

スローアウェイチップの呼び記号の構成要素と配列順序

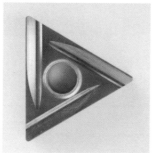

◀スローアウェイチップ

例

T N G G 1 6 0 4 0 4 R - C

C：チップブレーカの記号、仕上げ切削、勝手付き
R：右勝手
04：コーナー半径0.4mm
04：厚み　4.76mm
16：切刃の長さ16mm
G：穴あり、円筒穴、両面インサートブレーカ
G：等級　コーナ高さ±0.025　厚さ±0.013　内接円±0.025
N：逃げ角　0°
T：チップの形状　正三角形

　学校の実習で使用している超硬スローアウェイバイトは、片刃（かたは）バイトと向きバイト、穴ぐりバイトです。工作物は、快削鋼や機械構造用炭素鋼S45Cが主な材料ですので、写真のようなチップを使用しています。

超硬スローアウェイバイト

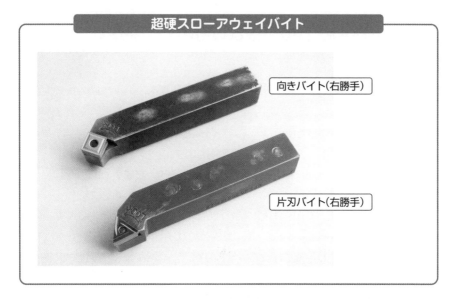

向きバイト（右勝手）

片刃バイト（右勝手）

スローアウェイチップ

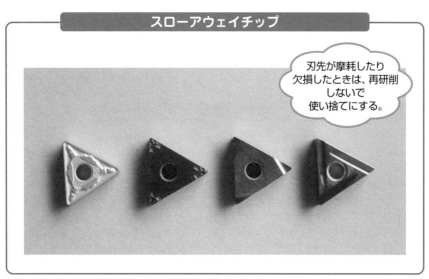

刃先が摩耗したり
欠損したときは、再研削
しないで
使い捨てにする。

2
切削工具の種類と機能

2-4 高速度工具鋼バイトの種類と役割

高速度工具鋼のバイトは、シャンクに切れ刃チップをろう付けした高速度鋼付刃バイト、全体が高速度工具鋼でできている完成バイトがあります。

高速度鋼付刃バイト

高速度鋼付刃バイトは、新品の場合、そのまま使えるわけではなく、すくい面や切れ刃、前逃げ面などを研削して使用します。バイトの研削方法については、「第8章 バイトとドリルの研削」(本文221ページ) で説明します。

片刃バイトや横剣バイトには、**右勝手** (形式記号：R) と**左勝手** (形式記号：L) があります。

仕上げバイト、突切りバイト、おねじ切りバイトには、シャンクがヘールになっているものがあります。ヘールバイトは、高速度鋼付刃バイトの図 (本文56ページ) に示すようにシャンクが逆U字形になっているもので、シャンクの剛性を意図的に弱くしているバイトです。ヘールは英語ではspring neck (「ばねの首」の意味) といいます。この部分がばねになり、切込みでバイトの刃先に過剰な負荷がかかったときに負荷を均一に分散させる機能があります。

高速度鋼付刃バイトの大きさは、下表のとおりシャンク部の寸法で表します。旋盤の大きさによって、取り付けられるバイトの大きさが決まります。

▼高速度鋼付刃バイトの大きさ

呼び番号	シャンクの幅	シャンクの高さ
1	13	13
2	16	16
3	19	19
4	19	25
5	22	22
6	22	30

片刃バイト（13R形）

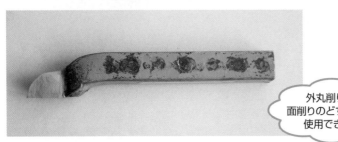

外丸削りと
面削りのどちらにも
使用できる。

横剣バイト（14R形）

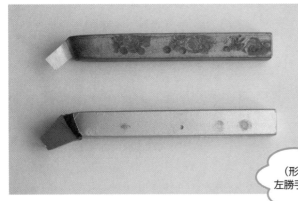

右勝手
（形式記号：R）と
左勝手（形式記号：L）
がある。

2

切削工具の種類と機能

名工からのアドバイス

技の五感「聴覚」

名工は、旋盤作業中の様々な音に聞き耳を
立てています。ビビリは、耳障りな音なの
で誰にもすぐにわかります。名工はよい削
りができているときの切削音を耳に覚えて
います。

高速度鋼付刃バイト

真剣バイト10形

ヘール突切りバイト32形

右片刃バイト13R形

先丸穴ぐりバイト40形

右横剣バイト14R形

穴仕上げバイト42形

高速度鋼付刃バイト

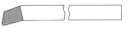

右剣バイト15R形

おねじ切りバイト51形

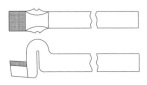

ヘール仕上げバイト22形

めねじ切りバイト52形

突切りバイト31形

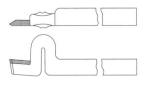

ヘールねじ切りバイト53形

(JIS B 4152:1988より作成)

切削工具の種類と機能 2

総形バイト

▲ U字溝加工用総形バイト

総形バイトには、
旋盤の玉ハンドルの
玉（球）を加工するバイトと、
滑車のロープ溝を加工する
バイトがある。

▲球面加工用総形バイト

◀球面加工用総形バイト

　高速度鋼付刃バイトのうち、本節ですでに紹介した総形バイトや仕上げバイト、突切りバイト、おねじ切りバイトは、写真に見るようにシャンクの首の部分が**ヘール**と呼ばれるばねになっているものがあります。

　これらのバイトは、手送りで切込みをしたり、仕上げ旋削に使われたりします。特に精密な仕上げでは、刃先に加わる負荷が一定であることが重要です。過度な負荷を分散させるために、これらのバイトはヘールになっています。

ヘール仕上げバイト（22形）

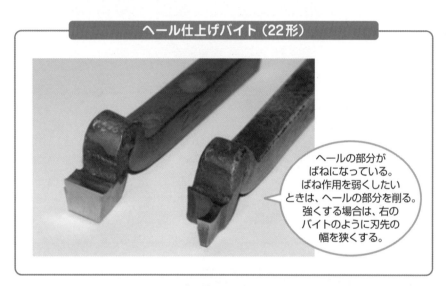

ヘールの部分がばねになっている。ばね作用を弱くしたいときは、ヘールの部分を削る。強くする場合は、右のバイトのように刃先の幅を狭くする。

ヘール突切りバイト（32形）

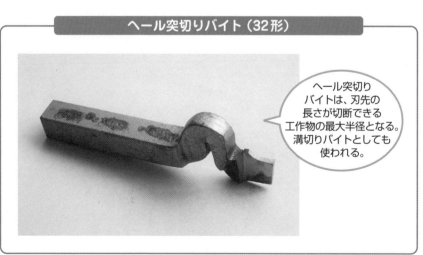

ヘール突切りバイトは、刃先の長さが切断できる工作物の最大半径となる。溝切りバイトとしても使われる。

　高速度鋼付刃バイトは、JIS規格に定められた形のものが市販されています。超硬ス
ローアウェイバイトとは違い、高速度鋼付刃バイトは、新品のままでは使えません。

　すくい面や逃げ面を研ぎ、目的に応じた刃先角、刃物角に研ぎ上げてから使います。
次の写真は、上が研削前の新品のバイトで、下のバイトは、研削して使用できるように
したバイトです。

ヘールねじ切りバイト（53形）

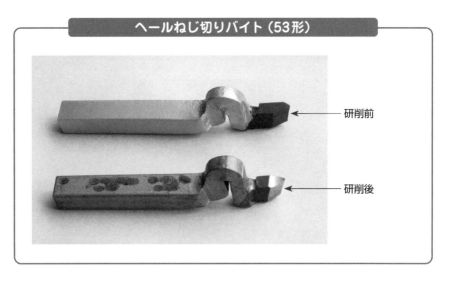

研削前

研削後

穴くりバイト（40形）

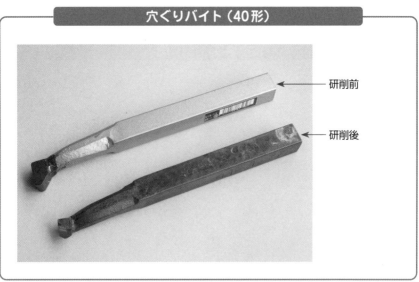

研削前

研削後

めねじ切りバイト（52形）

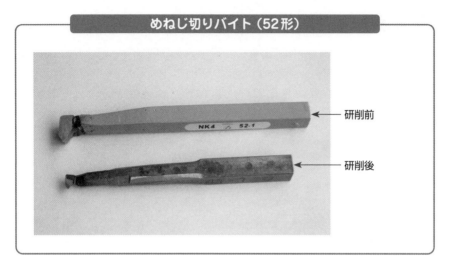

研削前

研削後

　高速度鋼付刃バイトのうち、横剣バイト（14形R）を研削して次の写真のような形状にしたバイトをつくっておくと、面削り、外丸削り、面取り（本文159ページ）など、各種の旋削に使えて便利です。

研削した横剣バイト

面削り、外丸削り、
面取りなど、各種の
旋削に使える。

⚙️ 完成バイト

刃部とシャンクが同一の材質でできているバイトを**むくバイト**と呼びます。

完成バイトは、熱処理し、研削されたむくバイトで、市販されています。断面が方形（1形）、長方形（2形）、板（3形）、逃げ付き板（4形）、ステッキ（5形）、丸（6形）のものがあります。刃物台に直接付けたり、**バイトホルダ**＊に取り付けて使用します。

完成バイト

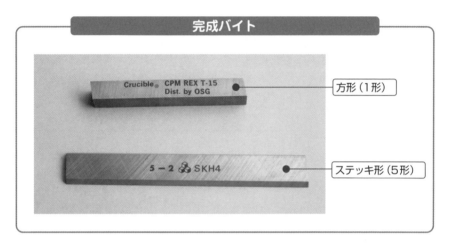

方形（1形）

ステッキ形（5形）

ホルダに付けた完成バイト

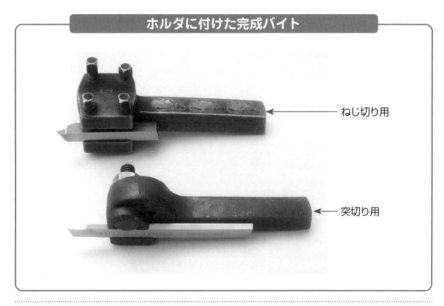

ねじ切り用

突切り用

＊**バイトホルダ**　ホルダは保持するという意味。バイトホルダは、完成バイトを保持するシャンクのこと。

差し込みバイト

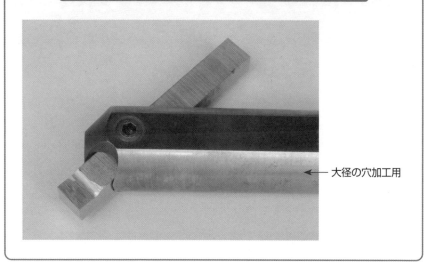

← 大径の穴加工用

2
切削工具の種類と機能

COLUMN 高速度工具鋼の発明

1868年、イギリスの冶金（やきん）学者ロバート・マシェット（Robert F. Mushet）が、炭素（C）2%、マンガン（Mn）2.5%、タングステン（W）7%のマシェット特殊鋼を開発しました。これは、現在の**高速度鋼**のルーツと見なされます。

1899 年、米国のフレデリック・テイラー（Frederick W. Taylor）とマンセル・ホワイト（Maunsel White）は、ペンシルベニア州のベツレヘム製鉄所で働いているアシスタントのチームとの一連の実験で、マシェット鋼など既存の高品質工具鋼の実験を行いました。そこ

で、マシェット鋼の成分のマンガンの代わりにクロムを用いることで、より優れた工具鋼になることを発見しました。**高速度工具鋼**の誕生です。

高速度工具鋼により、硬鋼を高速に切削加工できるようになり、その後の機械工業に革命をもたらしました。

日本では、安来鉄鋼合資会社（現在の日立金属（株）安来工場）で1913年にるつぼ製鋼法により、東洋で初めて高速度工具鋼の製造に成功しました。同社は1919年に「高速度刃物鋼」として特許を取得しています。

2-5 センタ穴ドリルの役割

センタ穴ドリルの役割について**理解しましょう**。

センタ穴ドリル

センタ穴をあける作業を**心立**（しんた）**て**と呼びます。**センタ穴ドリル**は、心立てに使われるほかに、ドリルで穴あけするときに使われます。また、穴あけ位置がずれないように、基準になる位置決め用の穴をあらかじめあけておくためにも使われます。

センタ穴ドリルの規格はJIS B 4304:2005に定められています。

センタ穴ドリル

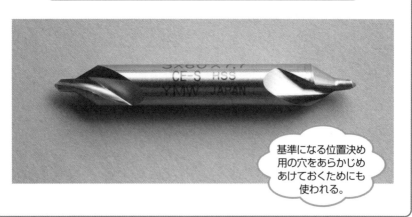

> 基準になる位置決め
> 用の穴をあらかじめ
> あけておくためにも
> 使われる。

心立ての場合は、センタ穴の種類と大きさは、JIS B 1011:1987に定められています。工作物の直径と適合するセンタ穴ドリルの**呼び***の関係を次ページの表に示します。

***呼び**　材質や寸法、角度などを表す記号。

▼工作物の直径 d と適合するセンタ穴ドリルの呼び

工作物の直径 d(mm)	センタ穴ドリルの呼び　d × θ
5 ～ 10	1 × 60°
10 ～ 15	1.6 × 60°
15 ～ 20	2 × 60°
20 ～ 35	2.5 × 60°
25 ～ 60	3.15 × 60°
50 ～ 80	4 × 60°
60 ～ 120	6.3 × 60°

2

切削工具の種類と機能

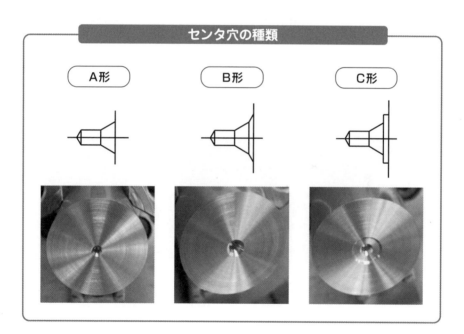

センタ穴の種類

A形　　　B形　　　C形

2-6 ドリルとリーマの役割

ドリルとリーマの役割について理解しましょう。

ドリル

　ドリルは、穴あけに使用する切削工具です。シャンクの部分がストレートのものとモールステーパのものに大別されます。

　シャンクの部分がストレートのものは、ドリルチャックに付けて使います。

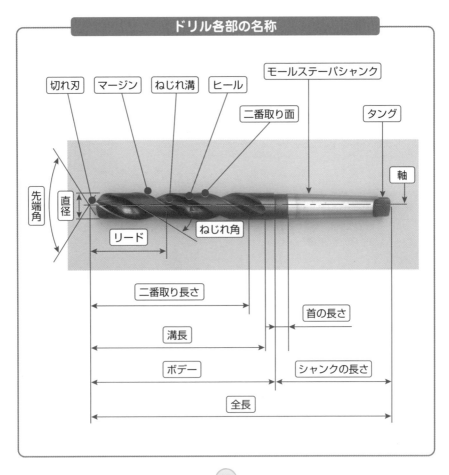

ドリル各部の名称

切れ刃　マージン　ねじれ溝　ヒール　　モールステーパシャンク

二番取り面　　タング

先端角　直径　　　　　　　　　　軸

リード　　　ねじれ角

二番取り長さ

首の長さ

溝長

ボデー　　　シャンクの長さ

全長

ストレートシャンクドリル

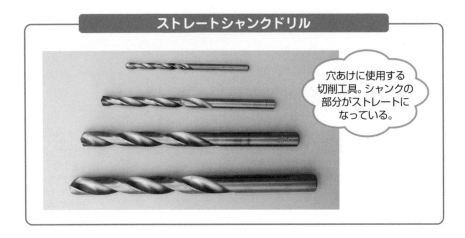

穴あけに使用する切削工具。シャンクの部分がストレートになっている。

●テーパシャンクドリル

スリーブあるいはソケットを使用して、心押台の心押軸に取り付けます。**スリーブ**は、テーパのサイズを変換するものです。**ソケット**は、ドリルの柄の長さを伸ばすために使います。ドリルのねじれには、標準ドリルに対して強ねじれドリルと弱ねじれドリルがあります。

テーパシャンクドリル

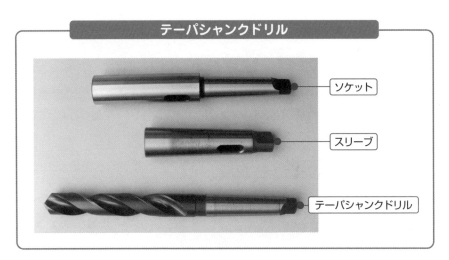

- ソケット
- スリーブ
- テーパシャンクドリル

●強ねじれドリル

アルミニウムや銅などの非鉄金属の穴あけや被削性のよいステンレス鋼の穴あけに使用します。**強ねじれドリル**の先端角は130度に研ぎます。

標準ドリルと強ねじれドリル

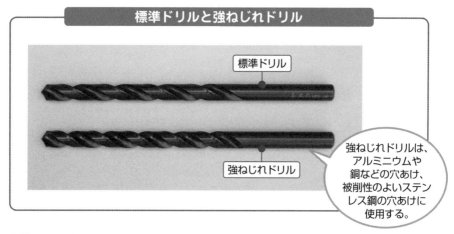

標準ドリル

強ねじれドリル

強ねじれドリルは、アルミニウムや銅などの穴あけ、被削性のよいステンレス鋼の穴あけに使用する。

●弱ねじれドリル

　ベークライトとプラスチック、軟質黄銅（おうどう）の浅い穴あけに適しています。**弱ねじれドリル**の先端角は80度に研ぎますが、黄銅の場合は標準の118度に研ぎます。

リーマ

　リーマは、穴仕上げに使う切削工具です。リーマは、手仕上げあるいはボール盤作業で使われる工具です。旋盤では、心押軸（しんおしじく）に取り付けたドリルチャックに取り付けて、穴の仕上げ加工を行います。

　リーマによる仕上げでは、チャックの振れや主軸の軸心と心押台の軸心のわずかなズレによって、リーマの外径よりも仕上げた穴の内径が少し大きくなるので注意しましょう。寸法公差が指示されている穴の仕上げには、穴ぐりバイトを使うとよいでしょう。

リーマ

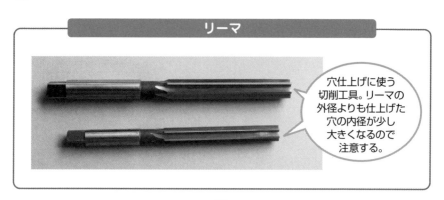

穴仕上げに使う切削工具。リーマの外径よりも仕上げた穴の内径が少し大きくなるので注意する。

2-7 タップとダイスの役割

タップとダイスの役割について理解しましょう。

タップ

　タップは、めねじを切る切削工具です。旋盤加工では、タップは心押台に取り付けたドリルチャックに取り付けて使います。

　M12以下の小径のめねじは、めねじ切りバイトでは加工しにくいことから、**タップ**を使って加工します。タップは本来、手仕上げ作業で使われる工具ですが、旋盤ではタップのセンタ穴を活かして心押台のセンタで押しながらねじ切り（タップ立て）を行います。

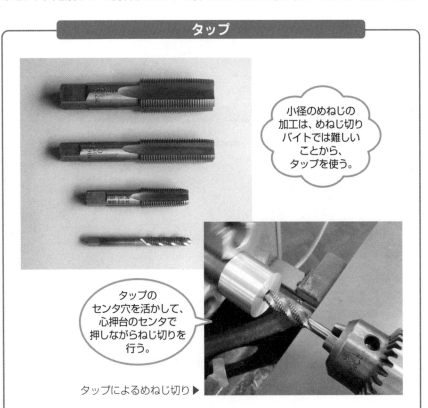

タップ

> 小径のめねじの加工は、めねじ切りバイトでは難しいことから、タップを使う。

> タップのセンタ穴を活かして、心押台のセンタで押しながらねじ切りを行う。

タップによるめねじ切り ▶

⚙ ダイス

　ダイスは、おねじを切る切削工具です。ダイスを用いておねじを切る場合、「第7章 旋盤加工の治具」(本文199ページ) で述べる**治具**＊ (じぐ) を使うと便利です。治具がない場合は、写真のように心押台の心押軸を用いて、ダイスが傾いて切り込んでいかないようにします。

ダイス

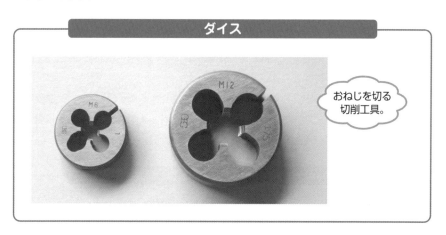

おねじを切る
切削工具。

ダイスによるおねじ切り

心押台の心押軸を
用いて、ダイスが傾いて
切り込んでいかない
ようにする。

＊**治具**　英語の「jig」を漢字に当てはめたもの。工具や工作物の位置決めや案内に使われる。

2-8 ローレットの役割

ローレットの役割について理解しましょう。

ローレット

ローレットは、工作物の外周に細かい凹凸状のギザギザを施す加工のことです。ローレット駒をローレットホルダに付けたローレット工具を刃物台に取り付け、回転する工作物にローレット駒を強く押し付けて、ローレット目をつくります。ローレット加工は**転造**の一種です。

ローレットには、あや目と平目があり、ローレット目の寸法はJIS B 0951に定められていて、大きさは**モジュール***（m）で表します。m＝0.2、m＝0.3、m＝0.5の3種があります。

ローレット駒

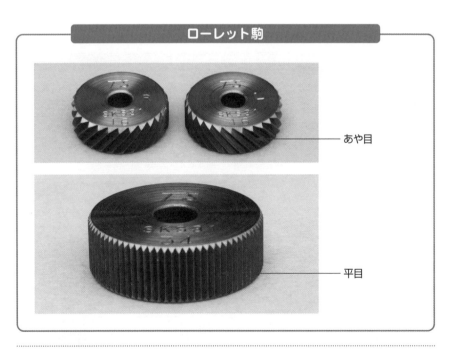

あや目

平目

***モジュール**　歯車の歯の大きさを表す単位。ピッチ円の直径をミリメートルで表し、歯数で割ったもの。mはmoduleの略。

切削工具の種類と機能

ローレット工具

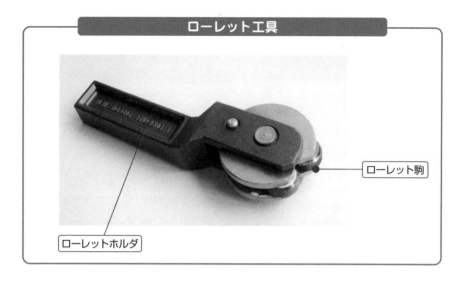

ローレット駒

ローレットホルダ

池貝工場製第1号旋盤（旋盤の歴史3）

この旋盤は、日本最初の工作機械メーカーである池貝工場（のちの池貝鉄工所、現・池貝）の創業者池貝庄太郎と弟喜四郎が1889（明治22）年に自社の工場設備機械として製作した英式9フィート旋盤です。動力式としては国産最古のものです。

心間距離は5フィート（実測値155cm）であり、ベッドは英式です。ベッドには切り落としがあるため、大径物の切削加工が可能です。ねじ切りと自動縦送り用の親ねじが設置されていますが、現在の旋盤と異なり、横送り軸のウォーム歯車が背面にあります。また、主軸回転数は3段のベルト車とバックギアにより6段変速となっています。2012年度機械遺産に認定されています。

国立科学館の池貝工場製第1号旋盤▶

72

Chapter 3

測定器の種類と取り扱い

測定は、機械加工では必ず行われる、基礎となる作業です。加工中の工作物の寸法が正しいかどうか、あるいは加工後に仕上げられた製品が図面に指示された寸法や形状になっているかどうかは、測定によって判断されます。したがって、加工や製品の良し悪しは、測定の正確さに左右されることになります。

本章では、旋盤作業に使われる主な測定器とその使い方、正しい測定方法について述べます。

3-1 旋盤加工で使う測定器

本節では、第5章で紹介する旋盤実技検定課題の旋盤実習で使われる測定器を紹介します。

測定器と作業工具

旋盤で使われる測定器と作業工具は下の図のとおりです。

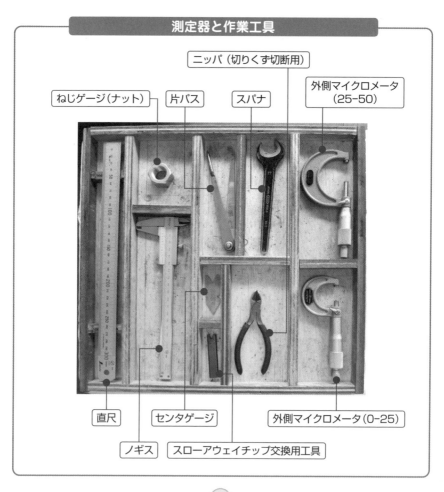

測定器と作業工具

ねじゲージ（ナット）　片パス　スパナ　ニッパ（切りくず切断用）　外側マイクロメータ（25-50）

直尺　センタゲージ　外側マイクロメータ（0-25）

ノギス　スローアウェイチップ交換用工具

長さの測定

旋盤作業では、長さの測定が中心となります。長さの測定のうち、工作物の外径の測定には、**ノギス**と**外側マイクロメータ**が使われます。以前は、外パスと鋼製直尺（こうせいちょくしゃく：スケール）を用いて外径を測定していましたが、現在はより精密に測定できるノギスやマイクロメータが普及しています。

鋼製直尺

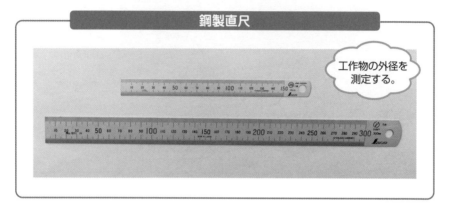

工作物の外径を測定する。

 ## 穴の内径の測定

工作物の穴の内径の測定には、ノギスの内側用ジョウ（本文77ページ）が使われます。精密な内径の測定には**シリンダゲージ**が使われます。生産現場では、正確に、また迅速に測定するために限界ゲージの**プラグゲージ**が使われます。

プラグゲージ

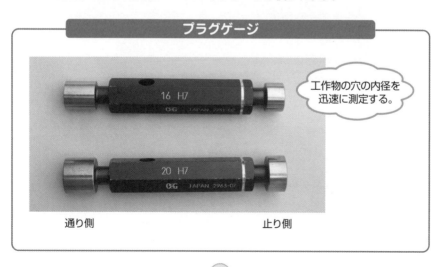

工作物の穴の内径を迅速に測定する。

通り側　　　　　　　　　　　止り側

深さの測定

深さの測定には、鋼製直尺やノギスの**デプスバー**＊が使われます。

ノギスによる深さの測定

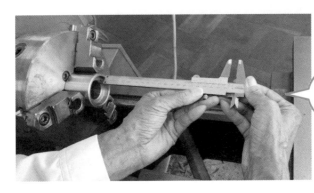

0.05mmの
精度で穴の深さを
測定する。

形状の測定

　形状の測定器としては、テーパゲージがあります。テーパゲージは、ゲージを工作物にすり合わせ、その当たり具合を調べ、正しい形状にできているかを検査します。同時にテーパの径の大きさも測定されます。

テーパゲージ

正しい形状か
どうか検査したり、
テーパの径の大きさ
を測定する。

モールステーパ
#2のゲージ

＊**デプスバー**　深さを測定するノギスの一部。

3-2 ノギスによる外径の測定

ノギスによる外径の測定方法を理解しましょう。

ノギスによる測定

　ノギスは、はさみ尺の一種です。副尺（バーニヤ）が付けられているので、最小読み取り値0.05mm単位の測定ができます。

　写真のノギスはM1形ノギスで、最も広く使われている長さの測定器です。本尺に沿って、スライダが滑り動くようになっています。このノギスは、外側用ジョウにより外側（外径）の測定、内側用ジョウにより内側（内径）の測定、デプスバーにより深さの測定ができます。測定値をデジタルで表示するデジタル式ノギスは、0.01mmの精度で測定できます。

ノギス各部の名称

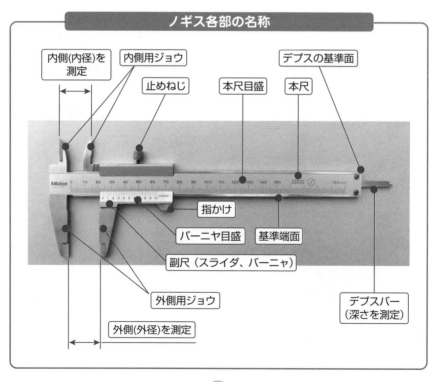

内側(内径)を測定　内側用ジョウ　止めねじ　本尺目盛　本尺　デプスの基準面

指かけ

バーニヤ目盛　基準端面

副尺（スライダ、バーニヤ）

外側用ジョウ

外側(外径)を測定

デプスバー（深さを測定）

バーニヤ目盛

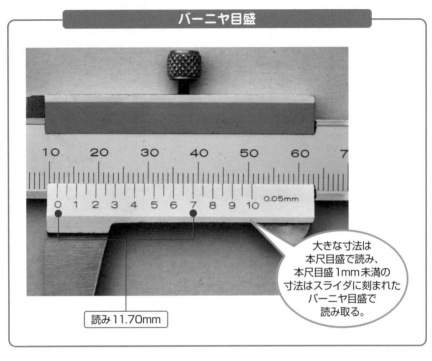

大きな寸法は
本尺目盛で読み、
本尺目盛1mm未満の
寸法はスライダに刻まれた
バーニヤ目盛で
読み取る。

読み11.70mm

ノギスによる長さの測定

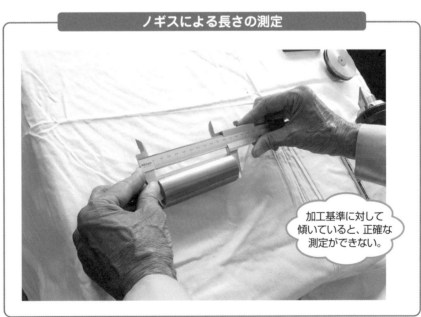

加工基準に対して
傾いていると、正確な
測定ができない。

旋盤作業中の工作物の外径を測定するには、写真に示すように、左手で本尺のジョウを持ち、右手でバーニヤ目盛が読めるようにスライダを持ち、ジョウの部分を指先で押して測定します。

ノギスが加工基準に対して傾いていると、正確な測定ができません。常に正確な測定値になるように、この測定の技を身に付けましょう。

ノギスによる外径測定

外側用ジョウを指でしっかり押さえて測定する。

3
測定器の種類と取り扱い

COLUMN ノギスは日本語

ノギスとカタカナで表記するので、外来語かと思われてしまいますが、ノギスは日本語です。ノギスは、英語では**バーニヤ・キャリパ**(vernier calipers)といいます。

ノギスは、ドイツ語のノニウス(der Nonius)、あるいはラテン語のノニウス(Nonius)がなまって「ノギス」と呼ばれるようになりました。

ノニウスは、副尺の発明者であるポルトガルの数学者ペドロ・ヌネシュ(Pedro Nunes、ラテン語でPetrus Nonius)の名に由来し、副尺を指す言葉でした。

後にフランスの数学者ピエール・ヴェルニエ(Pierre Vernier)により、現在のノギスのキャリパ構造がつくられました。英語で副尺を意味するバーニヤは、ヴェルニエの名に由来しています。

3-3 外側マイクロメータによる外径の測定

外側マイクロメータによる外径の測定方法について理解しましょう。

マイクロメータ

　工作物の外径を、より精密に測定するには外側マイクロメータを使います。マイクロメータは、精密に加工されたねじのピッチを基準とし、そのねじが切られているスピンドルの移動量を測定値とします。

　マイクロメータには、内径を測定する**内側マイクロメータ**、深さや段差を測定する**デプスマイクロメータ**、ねじの有効径を測定する**ねじマイクロメータ**、歯車の歯の大きさを測定する**歯厚マイクロメータ**などがあります。

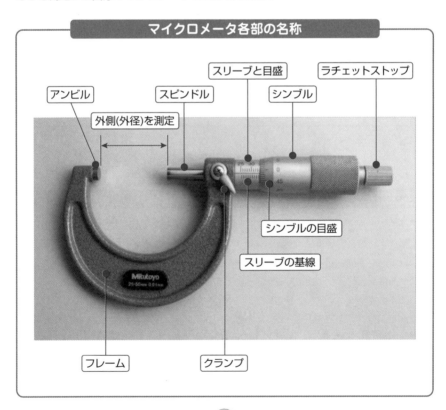

マイクロメータ各部の名称

- スリーブと目盛
- ラチェットストップ
- アンビル
- スピンドル
- シンブル
- 外側(外径)を測定
- シンブルの目盛
- スリーブの基線
- フレーム
- クランプ

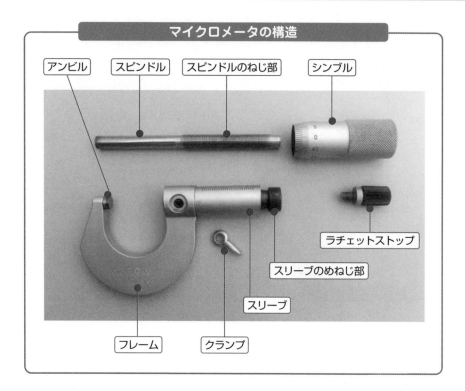

マイクロメータの構造

アンビル　スピンドル　スピンドルのねじ部　シンブル

ラチェットストップ

スリーブのめねじ部

スリーブ

フレーム　クランプ

3

測定器の種類と取り扱い

マイクロメータによる外径の測定

マイクロメータは、精密な測定器ですからその取り扱いには注意しましょう。

通常の測定では、左手でフレームの中心部を指でしっかりと持ち、右手でシンブルおよびラチェットストップを回して、測定物をアンビルとスピンドルではさんで測定します。

旋盤では、次ページの写真に示すように、外側マイクロメータを用いて、チャックに取り付けられた状態で工作物の直径を測定する場合は、右手でフレームを持ち、左手でシンブルとラチェットストップを回して測定します。

このとき、機械に体が触れることがないよう、正しい姿勢で測定するように心がけましょう。

マイクロメータによる外径の測定

3-4 パスの種類と使い方

パスには、片パス、外パス、内パスの3種類のパスがあります。パスは、比較測定器ですので、鋼製直尺やプラグゲージ、リングゲージなどと併用します。

 片パス

片（かた）パスは、鋼製直尺から寸法をとり、工作物の端面からの長さを測定し、けがき線を入れて加工の目印とする測定器です。縦送りハンドルにマイクロメータカラーが付いていない旋盤では、片パスにより長手方向の寸法を測定します。

片パス

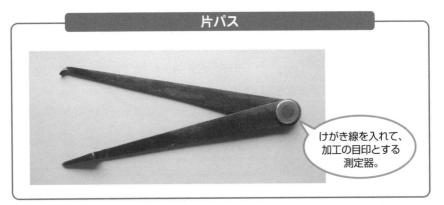

けがき線を入れて、加工の目印とする測定器。

旋盤作業において、縦送りハンドルにマイクロメータカラーが付けられている旋盤では、工作物の端面にバイトの刃先を合わせてハンドルを回して縦送りし、マイクロメータカラーの数値を読み取ることで、容易に長手方向の寸法をとることができます。

縦送りハンドルにマイクロメータカラーがない旋盤では、次の写真に示すように、片パスを用いて寸法取りをします。鋼製直尺を用いて、必要な寸法に片パスを開きます。

名工からのアドバイス

技の五感「視覚」

名工は、すきまを見て寸法を判断します。ノギスのスライダを0.05mmだけ動かし、光りにかざして外側ジョウのすきまを見ることで、0.05mmのすきまがどの程度かがわかります。心出しのときは、名工はトースカンと工作物のすきまを見て、0.02mm以下の精度で心出しします。

片パスの寸法取り

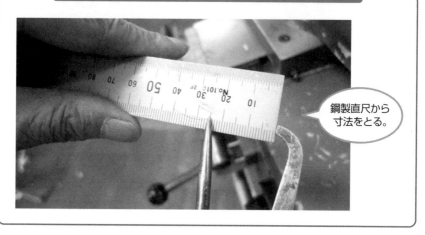

鋼製直尺から
寸法をとる。

次に、チャックに取り付けた工作物を回転させ、けがき線を入れる位置にあらかじめチョークや青竹（けがき専用の青色のインク）、油性マジックなどを塗っておきます。

片パスは、写真に示すように、フック状に曲がったほうを工作物の端面に当て、針先で工作物の外周にけがき線を入れます。

けがき線は、旋削中に切りくずによって消えてしまいますから、旋削前にバイトの刃先をけがき線に当てて、消えることがないようにしておきます。

片パスによるけがき

フック状に
曲がったほうを工作物
の端面に当て、針先で工
作物の外周にけがき線
を入れる。

外パス、内パスによる測定

外パスは、工作物の外径を測定します。工作物の外径に合わせてパスを開き、その開いた長さを鋼製直尺で測定します。ノギスやマイクロメータでは測定できないような幅の狭い溝部の外径の測定に使います。

外パスは、次ページの写真に示すように、パスを上から下に落とすようにして、工作物の外径に相当する開きを求めます。この開きを直尺やプラグゲージなどに当てて、外径寸法を測定します。

内パスは、工作物の内径や溝の幅を測定します。工作物の内径に合わせてパスを開き、その開いた長さをリングゲージや外側マイクロメータで測定します。

また、リングゲージやマイクロメータから仕上がり寸法を内パスに移しておき、測定する穴にパスを入れて、パスの傾き具合で仕上がり寸法になっているかどうかを確認することもできます。

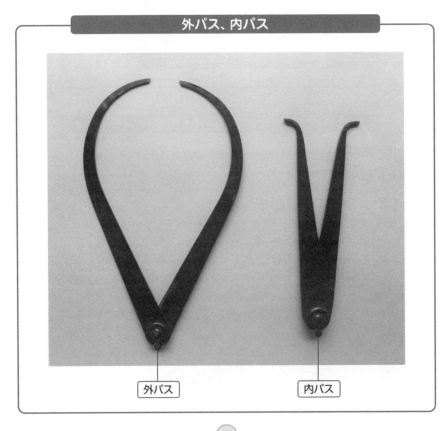

外パス、内パス

外パス　　　　　　　　　内パス

3

測定器の種類と取り扱い

外パスによる外形の測定

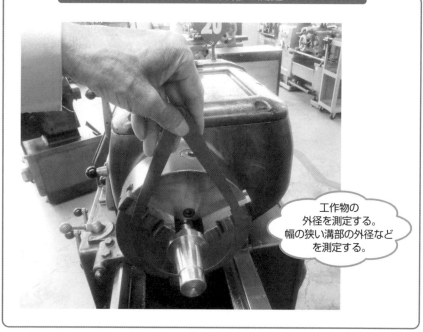

工作物の外径を測定する。幅の狭い溝部の外径などを測定する。

内パスによる内径の測定

工作物の内径や溝の幅を測定する。開いた長さをリングゲージや外側マイクロメータで測定する。

ダイヤルゲージの使い方

ダイヤルゲージは、旋盤作業では、スタンドに取り付けて心出し作業に使います。

 ダイヤルゲージ

インデペンデントチャックでは、必ず心出ししなければなりません。

工作物が黒皮の鋼材や未加工の鋳物（鋳放し）の場合、ダイヤルゲージでは、針が振れすぎてうまく心出しすることができません。このときは、手仕上げ作業で使われるトースカンで心出しすると、よい結果が得られます。

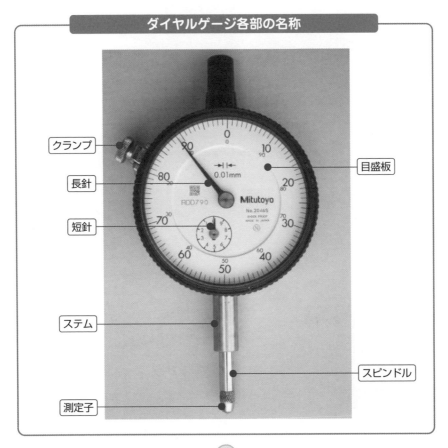

ダイヤルゲージ各部の名称

クランプ
長針
短針
ステム
測定子
目盛板
スピンドル

3

測定器の種類と取り扱い

　ダイヤルゲージは、測定範囲が5mmまたは10mmで、この範囲内で偏心量を測定できます。偏心した軸を加工する場合には、ダイヤルゲージを使います。

ダイヤルゲージによる心出し

測定範囲が5または10mmの範囲内で偏心量を測定できる。

トースカンによる心出し

ダイヤルゲージでは針が振れて心出しができない場合、トースカンで心出しをする。

3-6 シリンダゲージによる内径の測定

シリンダゲージは、穴の内径を0.01mmの精度で測定できる測定器です。

シリンダゲージ

シリンダゲージは、ダイヤルゲージを図に示すように取り付けて使います。シリンダゲージは、測定範囲が1.2mmですから、測定する穴の内径に合わせて、アンビルを取り替えて使用します。

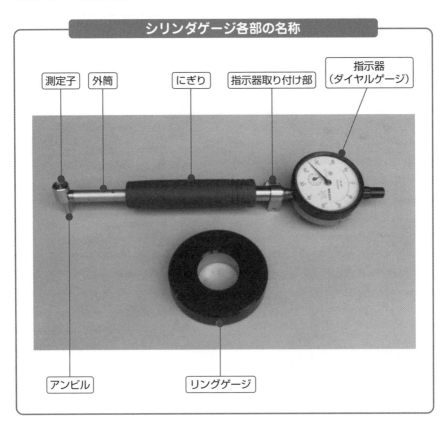

シリンダゲージ各部の名称

測定子　外筒　にぎり　指示器取り付け部　指示器（ダイヤルゲージ）

アンビル　リングゲージ

シリンダゲージによる測定

　シリンダゲージは、比較測定器ですから、測定基準となるリングゲージにより、シリンダゲージの目盛を0に設定してから測定します。

　リングゲージがない場合は、外側マイクロメータを使用します。測定する任意の寸法に外側マイクロメータをセットし、それに合わせてシリンダゲージの目盛を0にします。外側マイクロメータによる設定は熟練を要しますので、練習してこの技を身に付けましょう。

　旋盤加工中の工作物における内径の測定では、シリンダゲージは、垂直方向に上下させて、ダイヤルゲージの針が最小値になるところを内径として読み取ります。

シリンダゲージのリングゲージによる設定

シリンダゲージのにぎり部を右手で握り、ダイヤルゲージの目盛板に当てる。

シリンダゲージを前後に傾けて、指針が最小値となるところに、目盛板の0を合わせる。

シリンダゲージの外側マイクロメータによる設定

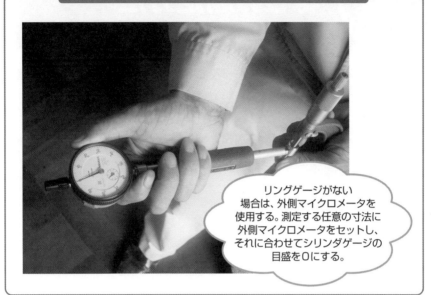

リングゲージがない場合は、外側マイクロメータを使用する。測定する任意の寸法に外側マイクロメータをセットし、それに合わせてシリンダゲージの目盛を0にする。

シリンダゲージによる内径の測定

シリンダゲージの測定子を、測定する穴に入れる。

ダイヤルゲージを水平に置き、にぎり部を上下させて、ダイヤルゲージの最小値を読み取る。

3-7 ねじの測定方法

ねじに関する測定器には、ねじゲージ、ピッチゲージ、センタゲージ、三針（さんしん）があります。

⚙ センタゲージとねじの測定

ねじゲージは、ねじのピッチと有効径、ねじ山の形状を測定します。

ピッチゲージは、ねじのピッチを測定します。**センタゲージ**は、ねじ切り作業時に、バイトを刃物台に取り付けるときに使います。そのほか、センタゲージは、ねじ切りバイト研削時に、刃先の形状を測定します。

三針は、マイクロメータと併用し、三角ねじの有効径を測定します。三針は、通常の旋盤作業で使われることはなく、ねじゲージなどの精密ねじの検査に使われます。

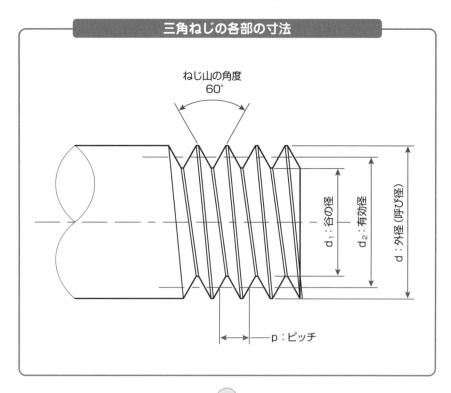

三角ねじの各部の寸法

ねじ山の角度
60°

d_1：谷の径
d_2：有効径
d：外径（呼び径）
p：ピッチ

ねじゲージ

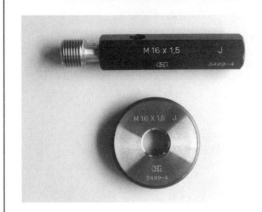

ねじのピッチと
有効径、ねじ山の
形状を測定する。

ピッチゲージ

ねじのピッチを
測定する。

センタゲージ

ねじ切り作業時
にバイトを刃物台に
取り付けるときに使用する。
また、ねじ切りバイト
研削時に、刃先角60度を
測定する。

センタゲージは、ねじ切りバイトの刃先の角度を測定するゲージです。第8章で述べるねじ切りバイトの研削（本文235ページ）に用いるほかに、図に示すようにバイトを刃物台に取り付けるときに使います。

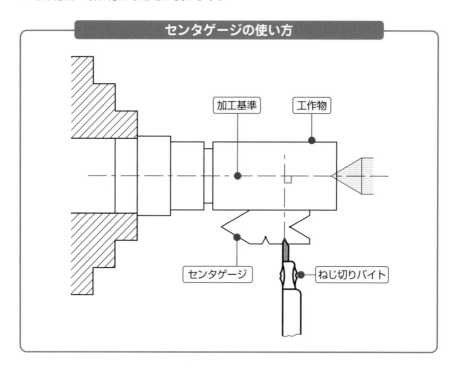

センタゲージの使い方

加工基準　工作物

センタゲージ　ねじ切りバイト

ねじ切りバイトは、加工基準に対して、ねじの先端角（メートルねじは60度）が左右均等になるように取り付けなければなりません。上の図に示すように、センタゲージを工作物に当てて、ゲージの60度の部分にバイトの刃先が一致するようにバイトを刃物台に取り付けます。

次ページに示す三針は、おねじの有効径を測定する測定器です。三針を次ページの図に示すようにねじ山の上に2本と下に1本に入れて、三針の外側をマイクロメータではさんで測定します。測定値を図の計算式に入れて、有効径を求めます。

名工からの アドバイス

ヘールバイト

仕上げ削りやねじ切りに使われるヘールバイト。実はヘールのばね作用によって、寸法どおりにうまく仕上げることはできません。ヘールバイトを使う場合は、下地となる荒削りが正確にできていることが仕上げの条件です。

三針

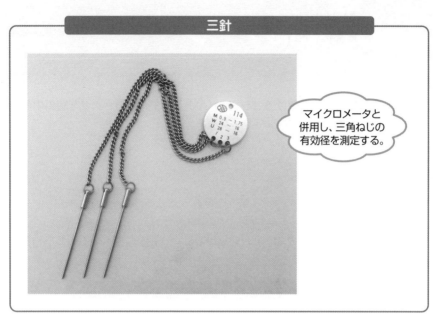

マイクロメータと
併用し、三角ねじの
有効径を測定する。

三針の測定方法

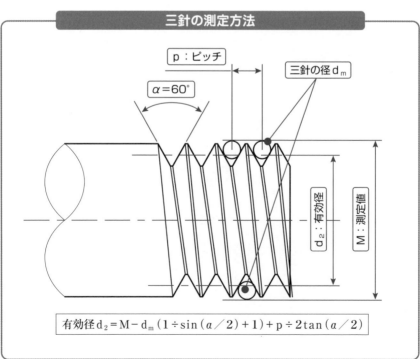

p：ピッチ

三針の径 d_m

$\alpha = 60°$

d_2：有効径

M：測定値

$$有効径 d_2 = M - d_m (1 \div \sin(\alpha / 2) + 1) + p \div 2 \tan(\alpha / 2)$$

3-8 心高ゲージ

バイトを刃物台に取り付けるときに、バイトの刃先は、両センタを結ぶ中心線（加工基準）に一致させなければなりません。

心高ゲージ

心押台（しんおしだい）のセンタの先や心押軸（しんおしじく）の基線に合わせることでもよいですが、写真のような心高（しんだか）ゲージをつくっておくと、バイトの取り付け作業に便利です。このゲージの使い方については第4章本文116ページで紹介します。

心高ゲージ

> バイトを刃物台に取り付ける際に、バイトの刃先は両センタを結ぶ中心線に一致させる必要がある。このときに心高ゲージを使用する。

心高ゲージ

$$\sqrt{Ra\ 25}\quad \left(\sqrt{Ra\ 1.6}\right)$$

60

60

Ra 1.6

120°

(60)

往復台上の振りの1／2（105）

M6

ø6

技能士・仕上げ3級の
実技課題を応用

17

22.5 15 22.5

60

Ra 1.6

注1：指示のない各部の面取りはC0.5とする。

設計	石田正治 2014/7/10		尺度	1：1	投影法	第3角法
図名	心高ゲージ	個数	1	材料	S45C-D	
				図版	DH‑001	

3 測定器の種類と取り扱い

COLUMN 数値制御方式の開発

　動作を数値情報で指令する数値制御の
アイデアの発端は、アメリカのジョン・
T・パーソンズです。パーソンズの会社
が、ヘリコプターのロータの縦通材を受
注したとき、これを材料から削り出す自
動制御の機械を彼は構想しました。

　パーソンズは、MIT（マサチューセッツ
工科大学）サーボ機構研究所および米空
軍と共同で、数値情報による工作機械の
制御方法を開発、1952年に「工作機械
の位置取りのための電動機制御装置」と
いう特許を取得しました。

　MITは、同年、数値情報の入力方式と
してパーソンズのパンチカード式とは異
なる7トラックの紙テープ方式を開発、
紙テープに各数字や記号に対応する穴を
あけることで、数値制御のプログラムと
したのです。この紙テープ方式により最
初のNCフライス盤がつくられました。

　現在は、紙テープの代わりに、コン
ピュータから直接数値情報を制御装置に
入力するCNC（コンピュータ数値制御）
が普及しています。

4

旋盤の基本操作

　本章では、旋盤の基本操作について学びます。誤った機械操作や工具の取り扱いは、危険を呼び寄せることになります。機械の仕組みと機能をよく理解して、その操作に慣れることが大切です。集中を欠きながら、操作レバーやハンドルを回すことはしないようにしましょう。

　実際の作業では、姿勢のよい身のこなし方を身に付けましょう。スポーツの世界でも、一流の選手は、無駄のない美しいフォームでプレーしています。フォームが悪くてはよい結果は出せません。旋盤作業においても、正しいフォームが安全作業の本来の姿であり、よい仕事につながると心得ておきましょう。

4-1 作業の安全と作業姿勢

　作業者（旋盤工）の立つ位置は決まっています。往復台（エプロン）の前に立ちます。基本的にこの位置から離れてする作業はありません。

正しい作業姿勢

　速度変換レバーを操作したり工作物をチャックに取り付けるときは、少し移動してその前に立つことがありますが、切削中や測定のときは、常に往復台の前に立っています。この位置が、最も安全な位置でもあります。

旋盤工の立つ位置

往復台の前に立つ。この位置が最も安全。

作業姿勢がよいときは、作業者の体が機械に触れることはありません。機械に触れるのは、ハンドルやレバーを回す手だけです。体が機械に触れると、作業着が汚れます。場合によっては、作業着の裾が機械に巻き込まれるような事故にもつながります。切削中や測定のときは機械に触れやすくなるので、よく注意して作業を進めましょう。

本書で紹介している旋盤では、始動レバーは主軸台のところにありますが、多くの普通旋盤では、往復台の右手下のところに始動レバーがあります。作業姿勢が悪いと、このレバーに触れて不意にチャックが回り出すことになり、大変危険です。

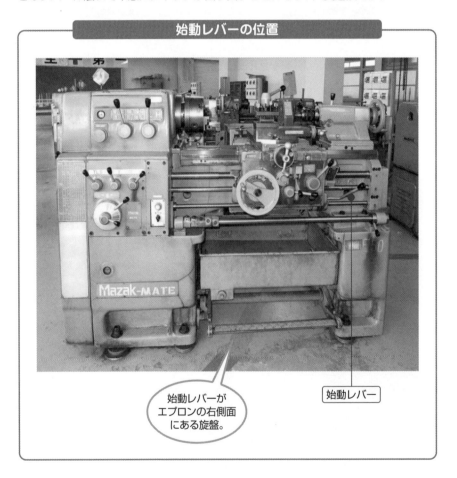

始動レバーの位置

始動レバーがエプロンの右側面にある旋盤。

始動レバー

　旋盤を扱う人間の体格は様々です。旋盤は、標準の体格の人に合わせてつくられています。特に、背丈の低い人は目線の位置が低くなるので、作業姿勢がどうしても悪くなってしまいます。チャックハンドルを握り、腕を伸ばしたとき、ほぼ水平になっている人がちょうどよい背丈の人です。

　背丈が低い人は、写真のような作業用足場板（ざら板）を準備し、目線の位置が標準の人と同じ位置になるようにしましょう。ざら板を使うことで、作業がしやすくなり、切削状況の観察や、測定も正しくできるようになります。

作業用足場板（ざら板）の使用例

背丈が低い人は、ざら板を準備し、目線の位置が標準の人と同じ位置になるようにする。

作業用足場板
（ざら板）

作業の安全

　旋盤における操作と作業上の注意事項です。前項の作業姿勢とともに、次の点に注意して作業しましょう。

- 作業着、安全靴、帽子、保護めがねなどをきちんと着用しましょう。作業着の裾が乱れていたりすると機械に巻き込まれます。
- 機械のまわりに配置する切削工具や測定器などは、作業中も整理整頓しておくことを心がけましょう。特に、測定器と切削工具をごちゃまぜにして置くことがないようにしましょう。
- 作業開始前の機械各部の点検、終了後の清掃と片付けは、きちんとやりましょう。
- 開始前には試運転をして、各部に異常がないかを、確認しておきましょう。
- 旋盤のチャックや工作物が回転しているとき、回転の円周方向に立つことがないように注意しましょう。他人の機械においても、回転している工作物や工具の正面に立たないように注意しましょう。
- 工作物の回転が完全に停止していない状態においては、工作物やチャックに手を触れるようなことは絶対にしないでください。
- 主軸回転数や送り速度の変換レバーを操作するときは、機械が完全に停止してから行うようにしましょう。ただし、寸動運転の機能のある旋盤ではこの限りではありません。

  レバー操作において歯車のかみ合いが悪いときには、チャックを手で回して、かみ合い位置を得るようにしましょう。
- ハンドルの操作には十分習熟してから、作業に取りかかるようにしましょう。誤って逆方向に刃物を送るような操作をすると大変危険です。
- チャックの取り替え、歯車の取り替え、機械の調整などのときは、電源スイッチを切っておくようにしましょう。

名工からのアドバイス

作業の姿勢

名工は、いかに長時間作業をしても、作業着が汚れることはありません。作業姿勢がよいからです。つまり、機械に体（作業着）が触れるような動作がないからです。姿勢がよければ、無駄な動きがないので作業効率は上がり、体も疲れません。作業の安全のためにも、姿勢をよくしましょう。

4-2 旋盤の保守、点検

旋盤の電源スイッチを入れる前に、旋盤の各部に不具合などがないかを確認しましょう。各レバーやハンドルは、ひととおり手動で動かしてみましょう。

始業前の点検と給油

機械は、潤滑油によって滑らかに動きます。それぞれの機械には、潤滑油の点検窓があります。潤滑油の量が基準のレベルに満たないときは、指定の潤滑油を給油します。

旋盤では、主軸台、往復台（エプロン）、送り歯車箱の部分には、点検窓があります。強制潤滑になっている主軸台の点検窓では、運転状態で油が循環しているかどうか確認できるものもあります。これは、始動時や運転中に確認します。

そのほか、ベッドのすべり面、心押台の心押軸、刃物送り台の回転部には、手差しの給油口がありますので、始業前に給油しておきます。

始動後の点検

電源スイッチ、始動レバーを入れて中程度の回転数で主軸を回転させてみましょう。運転音に注意し、異常がないかを確認します。

縦送りの自動送りレバーを操作して、自動送りに異常がないか確認しておきます。特に注意すべき点として、自動送りとねじ切りの切り替えレバーが、ねじ切り状態になっていることがあります。必ず、自動送りの状態になっていることを確認しておきましょう。

作業終了後の清掃と点検

作業を終了したら、刃物台の工具、チャックの工作物、切りくずなどを片付けて、清掃します。清掃後は、ベッドのすべり面に油を塗布しておきましょう。心押台、往復台は、始業時の状態、チャックから最も離れた位置に戻しておきましょう。

チャックについては、空の状態で締めておくことがないように注意しましょう。機械は、各部に応力のかかっていない状態にしておくことが基本です。

点検窓と給油口

刃物送り台給油口

| 主軸台 点検窓 | 主軸台へは上ぶたを 取り外して給油 | ベッドすべり 面給油口 | 心押台給油口 |

| 送り歯車箱給油口 | エプロン給油口 | エプロン点検窓 | エプロンドレン口 |

技の五感「触覚」

玉ハンドルは、慣れるとその形が触覚的機能になっていることがわかります。名工は、玉ハンドルを見ながら回しません。目線は常にバイトの刃先に注がれています。玉ハンドルの回転角は、手の感覚でわかるのです。

4-3 ハンドルの操作方法

　旋盤のハンドルには、縦送り（丸）ハンドル、横送り（玉）ハンドル、刃物台送り（玉）ハンドル、心押軸（丸）ハンドル（心押台ハンドル）の4つがあります。

ハンドルの回転方向と機械の動き

　それぞれのハンドルは、図のように回転方向と各部が動く方向が決まっています。とっさの場合にも、瞬時に刃物を逃がすことができるように、ハンドルの回転方向と機械の動きに慣れておく必要があります。

ハンドルの回転方向と機械の動き

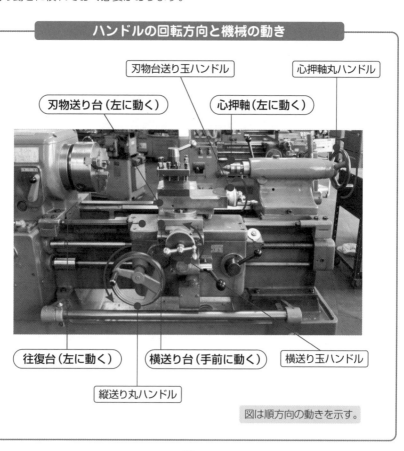

刃物台送り玉ハンドル

心押軸丸ハンドル

刃物送り台（左に動く）

心押軸（左に動く）

往復台（左に動く）

横送り台（手前に動く）

横送り玉ハンドル

縦送り丸ハンドル

図は順方向の動きを示す。

　ハンドルは、早送りの場合と切削時では、その回し方が異なります。早送りの場合はにぎりの部分を持って片手で回します。

　切削時や寸法を測るために精密に送るような場合には、ハンドルはにぎりではなくハンドルの外周を両手で持って回します。横送りハンドルの玉ハンドルも、玉とにぎりを両手で持って回すのが基本です。

　片手で回すときにも、ハンドルの外周や玉とにぎりを手のひら全体で包むようにして回します。両手で回せば、ミクロン単位の細かな送りができます。

縦送り丸ハンドルの回し方

丸ハンドルの外周を両手で回す。

横送り玉ハンドルの回し方

切削時は両手で回す。

4

旋盤の基本操作

刃物台送り玉ハンドルの回し方

切削時は
両手で回す。

▲早送り

心押軸丸ハンドルの回し方

丸ハンドルの
外周を
両手で回す。

▲早送り

4-4 スクロールチャックの種類と使い方

スクロールチャックは、旋盤の主軸端に取り付けて使う旋盤の付属品の１つです。３つづめのものが標準で、たんにスクロールチャックといえば、３つづめスクロールチャックのことをいいます。

スクロールチャック

「第１章　旋盤の構造と役割」の本文31ページでも述べたように、スクロールチャックには、主軸端に直接取り付けるタイプと面板を取り付けてからスクロールチャックを取り付けるタイプがあります。

主軸端に直接取り付けるチャックは、JIS規格では**A形マウンテングチャック**と呼ばれています。アダプタプレート（面板）で中継して主軸端に取り付けるものは**C形マウンテングチャック**と呼びます。

C形マウンテングチャック

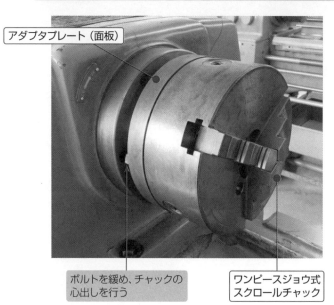

アダプタプレート（面板）

ボルトを緩め、チャックの心出しを行う

ワンピースジョウ式スクロールチャック

　スクロールチャックには、内づめ（インターナルジョウ）と外づめ（エクスターナルジョウ）がそれぞれ3個ある**ワンピースジョウ式**、およびマスタージョウ（下づめ）とトップジョウ（上づめ）を2本のボルトで結合した**ツーピースジョウ式**があります。

ツーピースジョウ式スクロールチャック

マスタージョウ
（下づめ）

トップジョウ（リバーシブルジョウ）。
トップジョウは生づめに交換できる。

　写真のツーピースジョウ式スクロールチャックは、トップジョウがリバーシブルジョウになっていて、取り付けの向きを反転させることで、内づめと外づめの両方の機能を持たせることができます。

　また、ツーピースジョウ式スクロールチャックは、トップジョウを生づめに交換することもでき、生づめの使用により工作物を高精度で把握できます。生づめの使い方については、「第7章　旋盤加工の治具」の本文200ページを参照しましょう。

**名工からの
アドバイス**

技の五感「嗅覚」

旋盤工の技として、嗅覚が働くことがあります。油のにおいです。切削熱により切削油剤からは特有のにおいが発生します。切りくずの色と油のにおいから削りの良し悪しを判断します。

ワンピースジョウ式スクロールチャック

▲内づめを付けたチャック

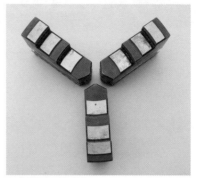

▲交換用の外づめ

　スクロールチャックで工作物を把握するときは、作業姿勢をよくして、両腕を真っすぐに伸ばしてチャックハンドルを握ります。そして、締めるときは、腕力で回さずに、体全体で、つまり腰を回すようして締めます。そうすることで、しっかりと工作物を把握することができます。

　チャックの締め付けが甘いと、加工中に工作物が外れて飛び出したりしますので、しっかりと締めることが大切です。

チャックの締め方

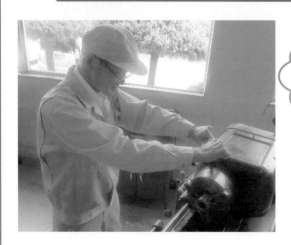

> チャックの締め付けが甘いと、加工中に工作物が外れて飛び出すことにもなる。

4-5 インデペンデントチャックの使い方と心出し

インデペンデントチャックは、**4つづめ単動チャック**とも呼ばれ、4つのつめが独立して動きます。

インデペンデントチャック

インデペンデントチャックは、丸棒だけでなく、直方体のような異形の工作物をつかむことができます。また、四方から工作物を締め付けるため、大変強い把握力があります。

スクロールチャックは心出しが不要ですが、インデペンデントチャックでは、心出しが必要になります。心出し作業には、トースカンあるいは、スタンドに取り付けたダイヤルゲージを用います。

トースカンの場合は、工作物とトースカンの針先のすきまを見て、工作物の偏心量を測定します。高い位置のつめを緩め、低い位置のつめを締める作業を繰り返して、心出しします。ダイヤルゲージの場合も同様に、針が右に振れるところが高い位置になります。針が振れないようになるまで、高い位置のつめを緩め、低い位置のつめを締める作業を繰り返して、心出しします。

工作物の外径を外パスで測る

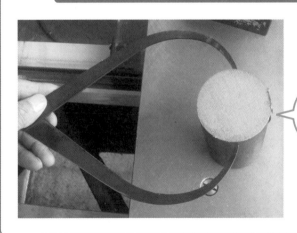

工作物の外径を測定した状態で、その開き具合をインデペンデントチャックのつめの開き具合に移す。

外パスをインデペンデントチャックに当てて
つめの開きを決めておく

チャックの同心円
は心出しの目安

工作物の径をつめ
の開きに移す

4
旋盤の基本操作

インデペンデントチャックに工作物を取り付けるときは、取り付ける前に工作物の外径を測定しておきます。その際には、外パスが便利です。工作物の外径を外パスで測定し、その開き具合をインデペンデントチャックのつめの開き具合に移します。

つめの開く位置が偏ることのないように、チャック本体に付けられている等間隔の同心円を目安として開いておくと、心出し作業が容易になります。

四角やその他の異形の工作物は、工作物の端面に中心点をけがいておき、その中心点が心押軸のセンタに合うように工作物を取り付けます。あらかじめ、センタ穴をボール盤などであけておくとよいでしょう。

名工からの
アドバイス

取り付けの技

パイプのような形状の外周加工では、回転センタとチャックのつめの端面との間に工作物をはさみ、強くセンタで押し付けるだけでもよいのです（治具のやといをつくる必要はありません）。

トースカンによる心出し作業

トースカンの
針先と工作物のすきまを
見て心出しをする。

ダイヤルゲージによる心出し作業

針が右（時計回り）に
振れたところが高く、左に
振れたところが低い。

　ダイヤルゲージは偏心量が正確に測定できるので、偏心軸の加工にも使われます。ダイヤルゲージの測定範囲内（最大10mm）の偏心量であることが条件です。

　偏心量の大きな工作物や、異形の工作物を取り付けたときは、回転のバランスがとれるように、適切なつりあい重りをチャックに取り付けます。

4-6 刃物台への バイトの取り付け

バイトは、刃物台に取り付けて使います。

バイト

　バイトは刃先を旋盤の主軸の軸心（両センタを結ぶ中心線）に合わせます。この場合、心押台のセンタに合わせてもよいのですが、「3-8　心高ゲージ」（本文96ページ）に示す心高ゲージをつくっておくと便利です。

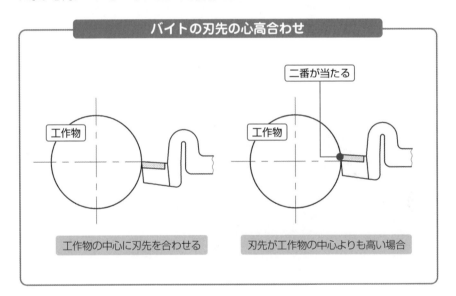

バイトの刃先の心高合わせ

二番が当たる

工作物　　　　　　　　　　　　工作物

工作物の中心に刃先を合わせる　　刃先が工作物の中心よりも高い場合

　バイトの刃先が軸心より高いと、図に示すように、切れ刃ではなく逃げ面が工作物に当たってしまいます。このことを**二番が当たる**といいます。逆に低い場合は、すくい角が変わり、切込み量もマイクロメータカラーの目盛どおりにはなりません。正確に心高を合わせるようにしましょう。

⚙ バイトの取り付け作業

　心高を合わせるには敷金をシャンクの下に入れて高さを調整します。ごくわずかな高さの調整には、敷金をしっかりしたケント紙のような紙でつくっておくとよいでしょう。平面研削盤作業では**千分紙**（せんぶんし）と呼ばれる厚みが一定の紙を用いて、心出し作業が行われます。

　穴ぐりバイト以外は、シャンクの幅の1.5倍程度、刃物台より出して取り付けます。取り付けボルトは2本締めれば十分です。過度に強く締め付けないことが大切です。操作ミスで工作物にぶつけてしまうような場合に、バイトが逃げてくれる程度の締め付けとします。

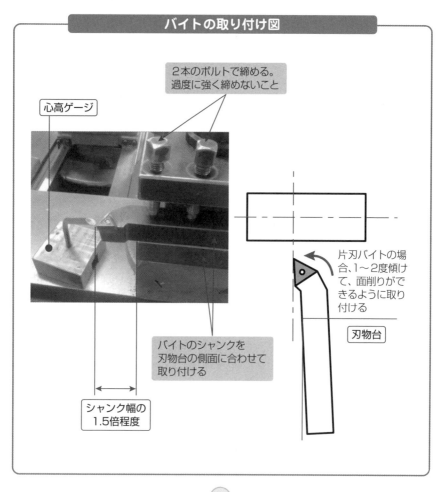

バイトの取り付け図

2本のボルトで締める。過度に強く締めないこと

心高ゲージ

バイトのシャンクを刃物台の側面に合わせて取り付ける

シャンク幅の1.5倍程度

片刃バイトの場合、1～2度傾けて、面削りができるように取り付ける

刃物台

バイトの取り付け

心高ゲージを
用いて、刃先の心高を
合わせる。

▲片刃バイトの取り付け

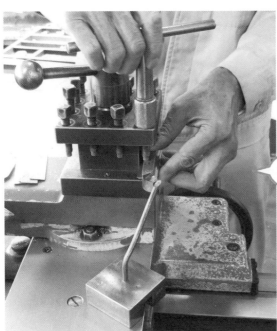

バイトを刃物台に
取り付ける。

▲バイトの刃物台への取り付け

4

旋盤の基本操作

　穴ぐりバイトの場合は、心高を少し高く付ける場合があります。穴ぐりバイトは、刃物台より長くシャンクを出して取り付けるため、なるべくシャンクの断面積が大きい方がよいので、このような取り付け方をします。

　ただし、切込み量は、マイクロメータカラーの目盛どおりにはならないので、その点を考慮して切込み量を決めます。

　また、下図のように、穴ぐりバイトの刃先の位置が、シャンクの中心に近いほど、シャンクを太くできます。超硬スローアウェイバイトの穴ぐりバイトは、シャンクの中心と刃先の位置が、水平に見て同じになるようにつくられています。

　高速度鋼付刃バイトの穴ぐりバイトでは、必ずしもそのように刃のチップが付けられていません。刃先を研削するときに、少しでもすくい面を下げるように研ぐとよいでしょう。特に小径の穴ぐりバイトは、シャンクが細くなるので、このような刃先にするとよい結果が得られます。

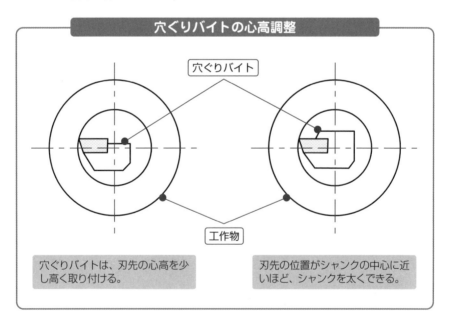

穴ぐりバイトの心高調整

穴ぐりバイト

工作物

穴ぐりバイトは、刃先の心高を少し高く取り付ける。

刃先の位置がシャンクの中心に近いほど、シャンクを太くできる。

ローレット工具

　ローレット工具は、写真に示すように、ローレット駒を支えるホルダの回転中心に合わせます。ローレット切りは、強い力で工作物にローレット駒を押し付けるので、刃物台の取り付けボルトは、3本を使ってしっかりと取り付けます。

ローレット工具の取り付け

2つの
ローレット駒
（あや目）の回転
中心に心高を
合わせる。

4

旋盤の基本操作

　ローレットはフランス語で、ギザギザ形状のことをいいます。英語では**ナーリング**（knurling）と呼びます。日本の製造現場では一般にローレットと呼ばれ、円筒状の工作物の外周に加工しています。

　ローレットには主に2つの役割があります。1つは滑り止めとしての役割です。例えば、ダイヤルのつまみ、カメラのレンズの外周、時計のリューズ、ペットボトルのキャップなどの外周部分は代表的なものです。

　もう1つ、ローレットは目に見えない部分でも役割を果たしています。圧入部品（ある部品の穴に別の部品を押し込んで組み合わせる部品のこと）の接続部に加工して、摩擦係数を上げたり、**抜け止め***・**回り止め***としての役割を果たします。

***抜け止め**　あるA部品にB部品を組み合わせて一体部品としたとき、抜けないようにすること。
***回り止め**　あるA部品にB部品を組み合わせて一体部品としたとき、空回りしないようにすること。

4-7 切削条件と主軸回転数の選択

主軸の回転数（回転速度、単位 min^{-1}）を選択するには、切削速度がわからなくてはなりません。

切削速度と工作物の回転数

切削速度は、図に示すように工作物をバイトで削ろうとするときの工作物の被切削面の周速度です。

切削速度と工作物の回転数との関係は、次の式で表されます。

$$v = \frac{\pi Dn}{1000} \qquad n = \frac{1000v}{\pi D}$$

v：切削速度（m/min）　　D：工作物の直径（mm）　　n：回転数（min^{-1}）

旋盤における切削速度は、工作物の材料と切削工具の刃部の材質によって、次ページの表に示すような標準切削速度が決められています。

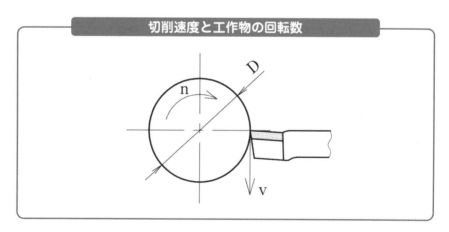

切削速度と工作物の回転数

表からわかるように、高速度工具鋼のバイトの標準切削速度は、超硬合金のバイトの標準切削速度と比較して、1／3～1／2程度です。

実習の旋盤では、回転数は6段階となっています。実際の作業では、前ページの切削速度の式から求めているわけではありません。工作物の直径と材質、バイトの刃先の材質などから、あらかじめ、切削条件を決めておくとよいでしょう。

第5章の実技課題では、工作物は直径35mmの快削鋼（かいさくこう）です。この切削条件をもとに、材料がS45Cのような硬い材料になれば、回転数を一段下げます。直径が小さくなれば周速度は小さくなりますから、回転数を上げる、というように回転数を選択します。

標準切削速度＊（旋削の場合）

▼バイトの刃先：高速度工具鋼（18-4-1型）

工作物の材料	切込み 0.38～2.4 送り量 0.13～0.38	切込み 2.4～4.7 送り量 0.38～0.76	切込み 4.7～9.5 送り量 0.76～1.3
快削鋼	75～105	55～75	25～45
低炭素鋼	70～90	45～60	20～40
ステンレス鋼	30～45	25～30	15～20
鋳鉄	35～45	25～35	20～25
黄銅・青銅	85～105	70～85	45～70
アルミニウム合金	70～105	45～70	30～45

▼バイトの刃先：超硬合金

工作物の材料	切込み 0.13～0.38 送り量 0.05～0.13	切込み 0.38～2.4 送り量 0.13～0.38	切込み 2.4～4.7 送り量 0.38～0.76
快削鋼	230～460	185～230	135～185
低炭素鋼	215～365	165～215	120～165
ステンレス鋼	115～150	90～115	75～90
鋳鉄	135～185	105～135	75～105
黄銅・青銅	215～245	185～215	150～185
アルミニウム合金	215～300	135～215	90～135

切削速度（m/min）　切込み（mm）　送り量（mm/rev）

＊**標準切削速度**　出典：『新版　工具の選び方・使い方』日本規格協会より。

4
旋盤の基本操作

あとは、実際に削ってみて、回転数を調整します。次節で説明する自動送り量によっても回転数を調整します。荒削りの重切削（じゅうせっさく）では回転数を下げ、仕上げのときは回転数を上げます。

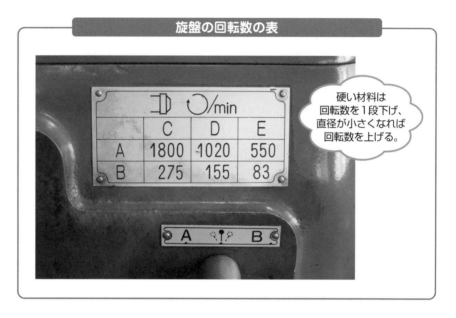

旋盤の回転数の表

硬い材料は
回転数を1段下げ、
直径が小さくなれば
回転数を上げる。

⬚	↻/min		
	C	D	E
A	1800	1020	550
B	275	155	83

▼回転数選択の例　　材料　快削鋼 SUM23　材料径 35 mm

高速度鋼付刃バイト	回転数 (min⁻¹)	超硬スローアウェイバイト	回転数 (min⁻¹)
横剣(よこけん)バイトの面削り	550	荒削り	$550 \sim 1020$
ヘール突切りバイト使用	83	仕上げ	$1020 \sim 1800$
ヘールねじ切りバイト使用	83		

普通旋盤の主軸の回転速度は、段階変速が一般的です。等比級数的速度列をとって設定されていて、回転速度の段階は6段から12段です。回転速度の変更は、主軸速度変換レバー（写真ではC、D、E）、主軸高低速変換レバー（AまたはB）を操作して行います。

高速度鋼付刃バイトによる旋削では、B列の低速の回転数を選択します。超硬スローアウェイバイトの場合は、反対にA列の高速の回転数を選択します。実習における旋盤加工では、前ページで触れたように、計算式で求めた回転数よりも実際には1段低い回転数で作業するとよいでしょう。

4-8 自動送り量の選択と仕上げ面

自動送りによって外丸削り、中ぐり、面削りを行う場合、主軸１回転当たりの送り量で仕上げ面の粗さが変わります。

仕上げ面の粗さ

送り量は同じであっても、バイトの形状や切れ刃のノーズ半径の大きさによっても仕上げ面の粗さは変わります。

仕上げ面の比較

仕上げ面の比較のテストピース

送り量と仕上げ面の関係

| 0.52mm/rev（超硬片刃） | 0.25mm/rev（超硬片刃） | 0.1mm/rev（超硬片刃） | 0.051mm/rev（超硬片刃） | 0.1mm/rev（ヘール仕上） |

写真に示すように、同じ超硬スローアウェイバイトで削った場合でも、送り量を小さくするほど、滑らかな仕上げ面になります。また、送り量は少し大きくても、ヘール仕上げバイトでは、超硬スローアウェイバイトよりも平滑な仕上げ面になります。図面が要求する仕上げ面になるように送り量を決めます。

⚙ 自動送り量の設定

自動送り量は、工作物の材質やバイトの種類、あるいは刃先の摩耗によって変わります。主軸回転数と同様に、よく使う送り量をあらかじめ決めておくとよいでしょう。超硬スローアウェイバイトの場合は、チップブレーカが働いて細かな切り粉になるように、適切な送り量を選択する必要があります。

▼自動送り量設定の例

材質	切削条件	自動送り量
材料 S45C	荒削り（切込み量 2mm） 仕上げ（切込み量 0.1mm 以下）	0.2 〜 0.25mm/rev 0.1mm/rev
材料 SUM23	荒削り（切込み量 2mm） 仕上げ（切込み量 0.1mm 以下）	0.25 〜 0.30mm/rev 0.1mm/rev

---

COLUMN ビビリ

ビビリは、工作物とバイトの間で発生する継続的な振動をいいます。バイトの刃先のノーズ半径が大きいときや、刃先が刃物台から長く突き出て取り付けられているとき、「キーン」というような耳障りな音が発生し、模様のような仕上げ面になることがあります。

ビビリは、穴ぐりバイトのように、シャンクが刃物台から長く突き出たようなバイトでの切削時に発生しやすいものです。ビビリは、回転数を下げたり、チップのノーズ半径の小さいものを使用することによって解消できます。シャンクの太いものを使うことでもビビリを防ぐことができます。

▲ビビリが生じたときの旋削面

切りくずの形状

　旋削（せんさく）でできる切りくずには、様々な形があります。切りくずの形は、切削時の刃先の状況を端的に示します。よく観察して、切削条件が適切であるかを見極めます。切りくずの形状が変化したときは、その原因を探り、対処します。バイトの刃先の摩耗や欠損などが生じると、切りくずの形状が変化します。

　工作物が鋼材の場合は、写真のような流れ形の切りくずができていれば、仕上げ面は良好です。刃先が摩耗して切れなくなると、せん断形あるいはきれつ形の切りくずになり、仕上げ面は悪くなります。

　同じ流れ形の切りくずでも、超硬スローアウェイバイトのチップブレーカが働かず、連続した切りくずが出る場合は、工作物やバイトに切りくずが絡み付いて、作業に支障を来します。送り量や切込み量を変えて、チップブレーカが働くようにします。なお、工作物が鋳鉄の場合は、きれつ形の切りくずになります。

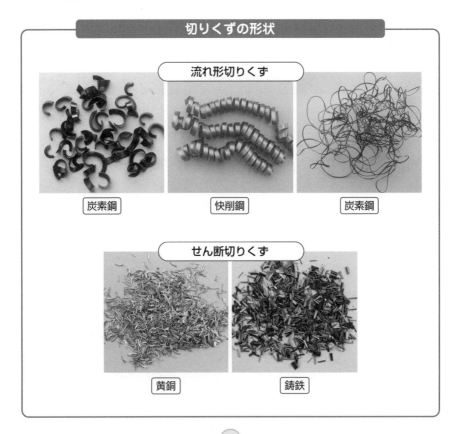

切りくずの形状

流れ形切りくず

炭素鋼　　快削鋼　　炭素鋼

せん断切りくず

黄銅　　鋳鉄

切削油剤の働き

高速度鋼付刃バイトやドリルを使用して、鋼材を旋削するときは、一般に**切削油剤**（せっさくゆざい）を使います。

切削油剤には、水で希釈せずに使用する不水溶性切削油剤と、水で希釈して使用する水溶性切削油剤があります。

切削油剤には、切削時に刃先が金属を削り取るせん断および工作物と刃先の摩擦によって発生する切削熱を冷却する作用、刃先の摩擦を軽減する潤滑作用があります。

水溶性切削油剤は冷却作用に優れています。しかし水溶性のため、加工後に工作物や機械の防錆処理が必要になりますので、通常は、不水溶性切削油剤が使われます。切削油剤によって、バイトやドリルの工具寿命を延ばすことができます。

超硬バイトの場合は、刃先が高温になっていて熱伝導性も悪く、切削油剤による冷却熱の衝撃でチップが割れてしまうことがあります。超硬バイトの場合は、切削油剤は使わないようにしましょう。

COLUMN 構成刃先

アルミニウムや軟鋼など、軟らかくて延性のある材料を比較的低速度で切削すると、切削部分での被削材の物理・化学的な変化により被削材の一部が刃先に付着し、あたかも新しい刃先ができたようになります。これを**構成刃先**と呼びます。

この付着物は加工硬化されて硬く、切削工具の刃先に代わって切削します。この状態で切削を継続すると、構成刃先はさらに成長していきます。しかし、ある程度大きくなると切削力に耐えることができなくなり、構成刃先は脱落します。

このような状態で切削を続けると、刃先のすくい角が変化するために切削面の状態は悪くなり、寸法精度が落ちます。

また、脱落時に刃先の一部も脱落する可能性があるので、工具の損傷につながります。

構成刃先は、切削油剤を与えたり、すくい角や切込み量、送り量を変えたりすることによって、その生成を防ぐことができます。

▲構成刃先

4-9 ねじ切り作業の実際

　ねじ切りは、旋盤作業の中でも一定の熟練を必要とする作業です。また、ねじ切りバイトを研削するにも熟練の技が必要です。ねじ切りができるようになれば、一人前の旋盤工といってよいでしょう。

ねじの種類と構造

　ねじには、三角ねじ、台形ねじ、角ねじ、丸ねじ、ボールねじなど、ねじ山の形状によって各種のものがあります。三角ねじでは、標準ピッチの並目ねじと、ピッチの細かな細目ねじがあります。ねじ山の角度はメートルねじが60度、インチねじは55度です。

　ねじは、ボルトとナットのように**おねじ**と**めねじ**が組み合わさって使われます。また、ねじは螺旋（らせん）の向きによって**右ねじ**、**左ねじ**があります。

　三角ねじの各部の名称について、図に示します。

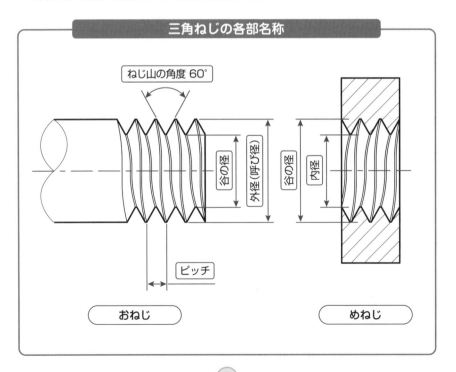

三角ねじの各部名称

ねじ山の角度 60°

谷の径
外径（呼び径）
谷の径
内径

ピッチ

おねじ

めねじ

4
旋盤の基本操作

　ねじは螺旋（らせん）が１つのものは**一条ねじ**と呼び、一般のねじはすべて一条ねじです。螺旋が２本以上あるものは**多条ねじ**（**二条ねじ**、**三条ねじ**など）と呼びます。

　旋盤では各種のねじを切ることができますが、ここでは最もよく使われるメートル三角ねじのおねじの切り方について説明します。

　おねじの外径d、めねじの谷の径Dを**呼び径**と呼びます。下図のd_2（めねじではD_2）は、**有効径**と呼びます。第3章で紹介した三針は、この有効径を測定します。ねじ山の大きさは、ねじの**ピッチ**によって決まります。

　下図のねじ山の高さHは次の式で表されます。

$$H = P\cos30° ≒ 0.866025P$$

　ねじ切り時の切込み量は、次の式に示すとおり、5H／8に谷の丸み（H／12）を加えた長さになります。

$$切込み量 \quad a = 5H／8 + H／12 ≒ 0.613P$$
$$P2.5の場合 \quad a = 0.613 × 2.5 = 1.5325$$

　実習では、外径をφ19.8としねじ切りバイトの**ノーズ**を少し大きくしていますから、切込み量1.45mm程度で仕上がりとなります。

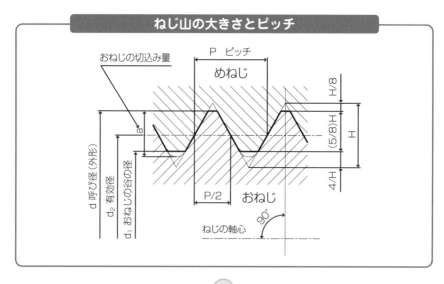

ねじ山の大きさとピッチ

ねじ切りの原理

　ねじ切りでは、図に示すように工作物のピッチと親ねじのピッチの比は、主軸の回転数とねじ切りバイトを送る親ねじの回転数の比で決まります。

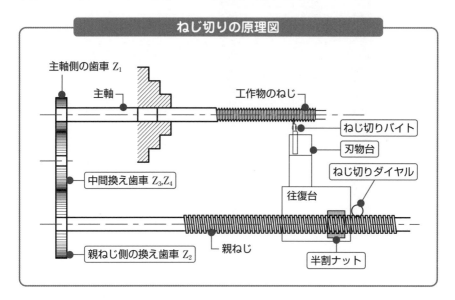

ねじ切りの原理図

- 主軸側の歯車 Z_1
- 主軸
- 工作物のねじ
- ねじ切りバイト
- 刃物台
- ねじ切りダイヤル
- 中間換え歯車 Z_3, Z_4
- 往復台
- 親ねじ側の換え歯車 Z_2
- 親ねじ
- 半割ナット

　換え歯車*の歯数は次の式で求められますが、レバーの切り替えによって通常のピッチのねじを切ることができます。旋盤のねじ切り表を見て、レバーを操作します。

　歯車の交換が必要な場合には、サイドカバーを開けて歯車を交換します。

$$
\boxed{2枚掛けの場合} \qquad \boxed{4枚掛けの場合}
$$

$$
\frac{p}{P} = \frac{Z_1}{Z_2} \qquad\qquad \frac{p}{P} = \frac{Z_1 \times Z_3}{Z_2 \times Z_4}
$$

p ：工作物のピッチ　　　　　　　P ：親ねじのピッチ
Z_1：主軸側の換え歯車の歯数　　　Z_2：親ねじ側の換え歯車の歯数
Z_3：原動側の中間換え歯車の歯数　Z_4：従動側の中間換え歯車の歯数

＊換え歯車　ねじ切り作業で使われる交換用の歯車。

4
旋盤の基本操作

ねじ切り表

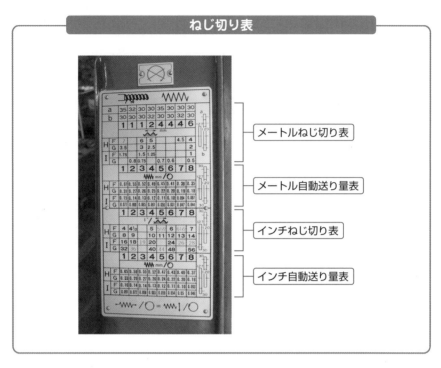

- メートルねじ切り表
- メートル自動送り量表
- インチねじ切り表
- インチ自動送り量表

歯車の交換

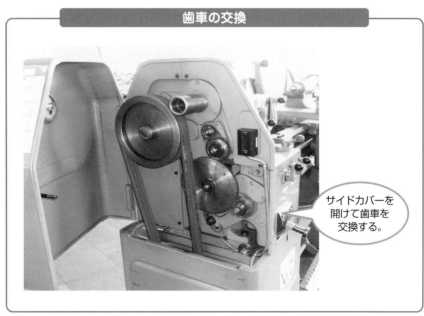

サイドカバーを
開けて歯車を
交換する。

ねじ切りダイヤル

ねじ切りには、主軸の正転・逆転でねじを切る方法と、半割ナットレバーを使用する方法があります。このうち半割ナットレバーを使用する方法では、半割ナットを親ねじにかみ合わせる位置が同じでなければなりません。親ねじと工作物のねじの山が一致するところが同期点です。

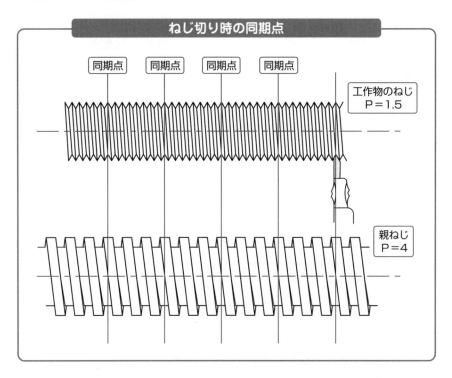

ねじ切り時の同期点

同期点　同期点　同期点　同期点

工作物のねじ
P=1.5

親ねじ
P=4

親ねじのピッチ4mm、工作物のねじのピッチが1.5mmの場合で考えてみましょう。図に示すように、親ねじの3回転ごとに、ねじ山が一致する点があります。これが同期点ですから、親ねじ3回転ごとに半割ナットをかみ合わせればよいことになります。

親ねじの回転数はねじ切りダイヤルで調べます。ねじ切りダイヤルでは、ウォーム歯車が親ねじにかみ合っています。ここでウォーム歯車の歯数を18枚とします。親ねじ18回転でねじ切りダイヤルは1回転しますから、6等分した目盛線の位置が3回転ごとになります。

　図では、6等分の目盛線がないですが、3等分のところが6回転ごとになりますから同期点となります。同期点に一致したところで半割ナットレバーを操作してねじ切りを行います。

　同期点を求めるには、工作物のピッチと親ねじのピッチが最も簡単な整数比となるようにします。

$$\frac{\text{工作物のピッチ p}}{\text{親ねじの P}} = \frac{1.5}{4} = \frac{3\,(\text{親ねじの回転数})}{8\,(\text{工作物の回転数})}$$

 ## ねじ切りバイトの取り付け

　ねじ切りバイトは、刃先の心高を合わせると同時に、ねじ山の角度の中心が工作物の軸心に対して垂直になっていなければなりません。ねじ山が左右対称になるように、センタゲージを使用してバイトを取り付けます。

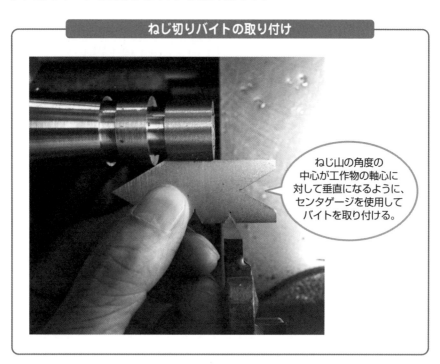

ねじ切りバイトの取り付け

> ねじ山の角度の中心が工作物の軸心に対して垂直になるように、センタゲージを使用してバイトを取り付ける。

ねじ切りの切込み

メートル三角ねじのねじ切りは1回の作業ではできません。バイトに少しずつ切込みを与えて削っていき、ねじ山を削り出します。バイトを横送りだけで切込みすると、切り粉が左右両方の切れ刃から中心に巻き込むように生じます。そのために刃先に大きな負荷がかかり、刃先が欠けてしまうことも起こります。

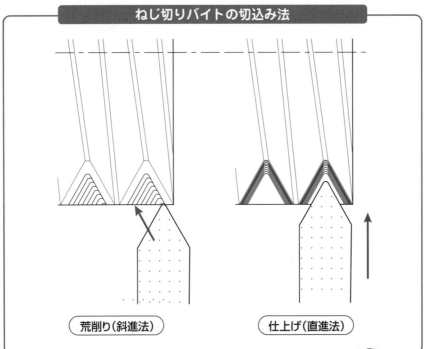

ねじ切りバイトの切込み法

荒削り（斜進法）　　　仕上げ（直進法）

三角ねじのねじ切りの切込みは、荒削り段階では、左側の切れ刃だけで削るように、横送りハンドルと刃物台送りハンドルを回して斜めにバイトを送ることで切り込みます（斜進法）。切れ刃は、加工基準に対して60度傾いていますので、横送りの切込み量を1とすると、刃物台送りの切込み量は0.5となります。

ねじの切り上げ

ねじの切り上げは、旋盤工の技の見せどころです。「切り上げ」とは、おねじを切るときのバイトの逃げ溝がなく、ねじ部の終端が不完全ねじ部となるねじ切り作業です。工作物の回転に合わせて、常に一定の位置で、1／4回転でバイトを引くのが名工の技です。

下の表は、ピッチ1.5mmのねじ切りにおける各ハンドルの切込み量を示しています。

表に示すように、荒削りが終わり、仕上げ段階に入ると、横送りハンドルだけを回して（直進法）、徐々に切込み量を少なくしていきます。ねじゲージが入った時点でねじ切りは完成です。

名工からのアドバイス

ワークドライビングセンタ

チャックや回し金を使うのでは、丸棒のような工作物の外周を1回の旋削で仕上げることはできません。このような、つかみ替えることなしに仕上げたい場合に使うのが、つめの付いたワークドライビングセンタです。両センタ作業のときに、回しセンタの代わりに使います。

ピッチP＝1.5のときの、ねじの切込み量

$$a = 0.613 \times 1.5 = 0.9195$$

▼ねじ切りの切込み量

回	横送りハンドル	刃物台送りハンドル	備考
1	0.1	0.05	
2	0.3	0.15	
3	0.4	0.2	
4	0.5	0.25	
5	0.6	0.3	
7	0.7	0.35	
8	0.75	固定	
9	0.8		
10	0.85		
11	0.875		
12	0.9		ねじゲージで確認する。
13	0.925		以降、1目盛切込み。

5

旋盤加工の
段取りと手順
（旋盤技能検定課題の事例）

　段取りとは、その昔、斜面に石段を築くとき、その勾配を見て何段にするのか見積もることだったといわれています。石段がうまくできれば、段取りがいいといわれました。歌舞伎では、「段」は芝居の筋の区切りをいいます。芝居がうまく展開していくように、段を構成することを「段取り」と呼びます。現代では、ことがうまく運ぶようにあらかじめ、必要な道具を準備し、仕事や作業の手順を組み立てることを段取りと呼びます。

　本章では、旋盤加工における段取りと加工手順の考え方、その実技について理解しましょう。

5-1 加工手順の考え方

旋盤加工における段取りとは、図面に基づき、材料および使用する工具や測定器などを準備し、加工手順を考えることです。

加工手順

ここでは、愛知県高等学校工業教育研究会主催の愛知県高等学校職業教育技術検定の旋盤技能検定課題の加工手順を考えてみましょう。

まずは、課題となる図面と完成作品を示します。

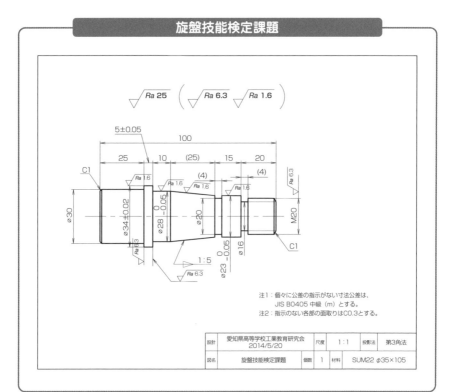

旋盤技能検定課題

旋盤技能検定課題の作品

各部に軸心の
振れがないことが
重要。

加工手順の考え方

旋盤で加工する形状には、検定課題のような軸状のものと、軸に組み付けられる歯車やプーリなどのリング状のものに大別されます。

軸状の工作物の場合は、各部に軸心の振れがないことが重要です。軸心の振れをなくすには、工作物を両センタで支え、回し板、回し金（ケレー）を用いて加工すればよいのです。

両センタ支持による加工は、円筒研削盤の研削加工と同じ工作物の支持方法です。軸心の振れのない高い精度の加工が実現できます。

COLUMN 加工手順と数値制御

加工手順と段取りをプログラム化したコンピュータ制御による旋盤は**CNC旋盤**と呼ばれ、産業界に広く普及しています。この制御プログラムを作成するには、段取りと加工手順が組み立てられなくてはなりません。

最新のCNC旋盤も普通旋盤も、段取りと加工手順の考え方は基本的に同じです。CNC旋盤といえども、プログラム次第で製品の良し悪しが決まります。

回し板による加工

回し板　回し金　工作物

軸心の振れを
なくすには、工作物を
両センタで支え、回し板、
回し金を用いて
加工する。

　しかし近年は、チャック作業が中心となっています。チャック作業であることを念頭に置いて、加工を進めていく過程で、工作物の軸心の振れが生じないように加工手順を組み立てます。チャックのつめでつかまれた工作物は、振れが少なからずあるということを前提に加工手順を組み立てます。

　チャックの側は振れがありますが、心押台の回転センタ側は、ほとんど振れがありません。したがって、チャック作業では、なるべく回転センタ側で加工するように加工手順を組み立てます。

　また、チャック作業では工作物を反転させるごとに、チャックのつめでつかんだ部分に、振れが生じます。精密な仕上げ部分では工作物を反転させないように、加工手順を組み立てます。

チャック作業による工作物の振れ

チャックには、軸心の振れがある

心押台の回転センタ側は、ほとんど振れがないことから、チャック作業では、なるべく回転センタ側で加工する。

センタ側は、振れがない

5
旋盤加工の段取りと手順

旋盤技能検定課題の加工手順

　加工手順の一覧を次に示します。この加工手順の特徴は、手順❶〜❹です。検定課題に限らず、軸状の工作物の場合は、最初にこの手順で行います。この手順は加工基準をつくる工程です。

旋盤技能検定課題の加工手順その1

①

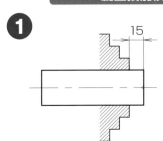

・チャッキング
　チャックにワーク(加工物)を取り付け
・面削りc横剣バイト)
・心立て(センタ穴あけ)切削油剤使用

・主軸回転数1020min^{-1}
　(855min^{-1},900min^{-1})
・横送り 手送り

②

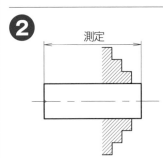

・反転してチャッキング
・面削り
・取り外してノギスにより全長を測定する

・主軸回転数1020min^{-1}
　(855min^{-1},900min^{-1})
・横送り 手送り

③

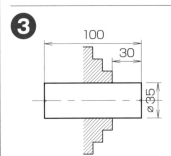

・面削り
・全長測定(ノギス)
・面削り100mmに仕上げ
・心立て(センタ穴あけ)切削油剤使用

・主軸回転数1020min^{-1}
　(855min^{-1},900min^{-1})
・横送り 手送り

④

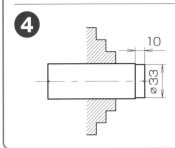

・外丸削り(超硬片刃バイト)

・主軸回転数550min^{-1}
　(630min^{-1},460min^{-1})
・縦送り 0.27mm/rev

旋盤技能検定課題の加工手順その2

 5

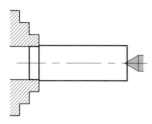

・反転してチャッキング
・回転センタ支持

 6

適当な長さ

∅34.5

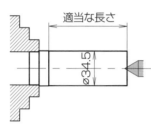

・外丸削り(超硬片刃バイト)

・主軸回転数550min⁻¹
(630min⁻¹,460min⁻¹)
・縦送り 0.27mm/rev

 7

25

∅30

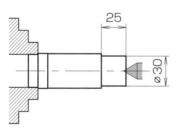

・外丸削り(超硬片刃バイト)

・主軸回転数550min⁻¹
(630min⁻¹,460min⁻¹)
・縦送り 0.27mm/rev

8

C1

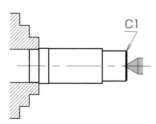

・面取りC1(横剣バイト)

・主軸回転数550min⁻¹
(630min⁻¹,460min⁻¹)
・送り 手送り

5

旋盤加工の段取りと手順

旋盤技能検定課題の加工手順その3

❾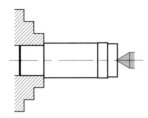

・反転してチャッキング
・回転センタ支持

❿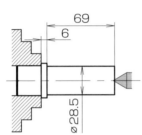

69
6
⌀28.5

・外丸削り(荒削り)(超硬片刃バイト)
・けがき－片パス使用

・主軸回転数550min⁻¹
　(630min⁻¹,460min⁻¹)
・縦送り 0.27mm/rev

⓫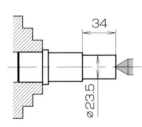

34
⌀23.5

・外丸削り(荒削り)(超硬片刃バイト)
・けがき－片パス使用

・主軸回転数550min⁻¹
　(630min⁻¹,460min⁻¹)
・縦送り 0.27mm/rev

⓬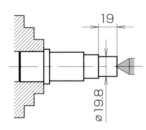

19
⌀19.8

・外丸削り(荒削り)(超硬片刃バイト)
・けがき－片パス使用
・M20部はφ19.8に仕上げ

・主軸回転数550min⁻¹
　(630min⁻¹,460min⁻¹)
・縦送り 0.27mm/rev

旋盤技能検定課題の加工手順その４

 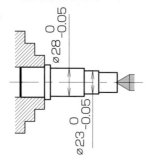

- ・外丸削り(仕上げ)(超硬片刃バイト)
- ・マイクロメータで測定

- ・主軸回転数550min⁻¹
  (630min⁻¹,460min⁻¹)
- ・縦送り 0.13mm/rev

 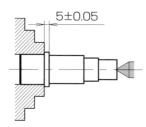

- ・側面削り(仕上げ)(超硬片刃バイト)
- ・マイクロメータで測定(ノギスで測定)

- ・主軸回転数550min⁻¹
  (630min⁻¹,460min⁻¹)
- ・送り 手送り

 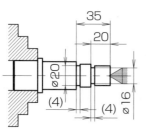

- ・溝切り(ヘール突切りバイト)
- ・切削油剤使用

- ・主軸回転数83min⁻¹
  (70min⁻¹,80min⁻¹)
- ・横送り 手送り

 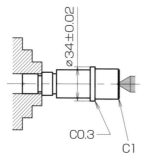

- ・反転してチャッキング
- ・外丸削り(仕上げ)(超硬片刃バイト)
- ・マイクロメータで測定
- ・面取りC1, C0.3

- ・主軸回転数550min⁻¹
  (630min⁻¹,460min⁻¹)
- ・縦送り 0.13mm/rev

5 旋盤加工の段取りと手順

旋盤技能検定課題の加工手順その5

⓱

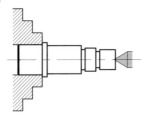

・反転してチャッキング

⓲

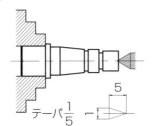

テーパ $\frac{1}{5}$

・テーパ削り(仕上げ)(超硬片刃バイト)
・刃物台5.7°傾ける

・主軸回転数550min⁻¹
 (630min⁻¹,460min⁻¹)
・送り 手送り

⓳

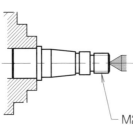

M20 P2.5

・ねじ切り(ヘールねじ切りバイト)
・切削油剤使用

・主軸回転数83min⁻¹
 (70min⁻¹,80min⁻¹)

⓴

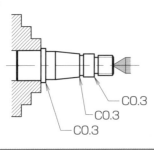

C0.3
C0.3
C0.3

・各部面取り C0.3
・各部寸法確認

・主軸回転数83min⁻¹
 (70min⁻¹,80min⁻¹)
・横送り 手送り

5-2 加工基準をつくる

旋盤加工に限らず、機械加工において最初に行う作業は、加工していくための基準づくりです。図面を見て、どこに加工基準があるのか、あるいはどこを加工基準とすればよいのかを考えてみましょう。

旋盤加工の加工基準

旋盤加工の場合、回転方向の基準は、図でいえば中心線です。また、長手方向の加工基準は端面です。

旋盤技能検定課題の図に示す中心線と両端面が加工基準です。はじめに、この加工基準をつくるために端面（たんめん）削りと心立てを行います。

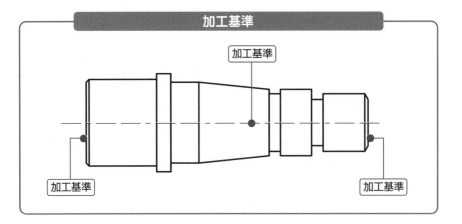

加工基準

加工基準

加工基準

加工基準

COLUMN　マイクロメータの測定の原理

　マイクロメータのねじは、スリーブの中にあって外側からは見えませんが、スピンドルにピッチ0.5mmのねじが切られています。スピンドルと一体になっているシンブルの外周には、50等分の目盛が刻まれています。スピンドルが1回転すると0.5mmの移動量ですから、0.5mm÷50等分の目盛＝ 0.01mm／1目盛となります。マイクロメータでは、0.01mmの精度で測定します。

5

旋盤加工の段取りと手順

心立て（しんたて）と面削りは、はじめに行う旋盤作業です。加工基準となるところですから、図の指示よりも精密に、かつ、ていねいに加工できるように心がけます。

材料の準備

材料は、外径35mmの**快削鋼**（SUM22）です。全長は100mmですから、あらかじめ、端面の削り代を含めて、103mm程度に帯のこ盤などで切断しておきます。

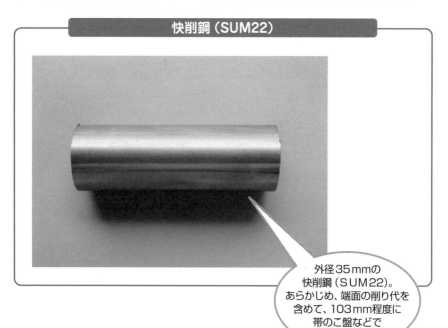

快削鋼（SUM22）

外径35mmの
快削鋼（SUM22）。
あらかじめ、端面の削り代を
含めて、103mm程度に
帯のこ盤などで
切断する。

切削工具

　心立てには、センタ穴ドリルを使います。工作物の直径が34mmですから、センタ穴ドリルは呼び (d×θ) 2.5×60度のものをドリルチャックに付けておきます。

心立てに使用する切削工具

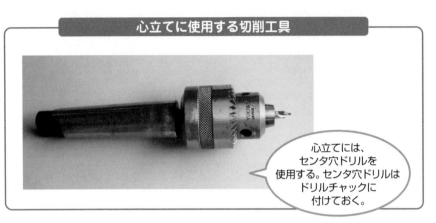

心立てには、センタ穴ドリルを使用する。センタ穴ドリルはドリルチャックに付けておく。

　面削りでは、高速度鋼付刃バイトの横剣バイト (14形R) を刃物台に取り付けます。面削りには、超硬スローアウェイバイトの向きバイト (14形R) を用いてもよいのですが、材料が快削鋼であり、外径も小さく、周速度がそれほど速くないので、高速度鋼付刃バイトのほうが仕上がりがよいといえます。

　心立てと面削りには、切削油剤を使用しますので準備しておきます。

面削りに使用する切削工具

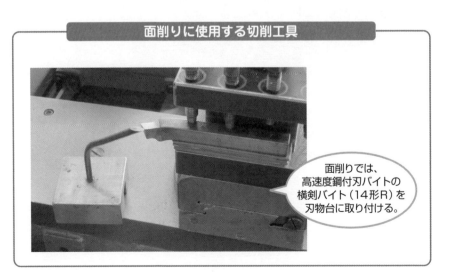

面削りでは、高速度鋼付刃バイトの横剣バイト (14形R) を刃物台に取り付ける。

5
旋盤加工の段取りと手順

面削りの作業手順と注意事項

面削りの具体的な作業手順や注意事項について以下に示します。

❶工作物をスクロールチャックに取り付けます。工作物は、なるべく深くつかむよう
　にします。チャックのつめの端面より10mm程度出してつかませます。

❷主軸回転数を550回転にします。

❸刃物台送りハンドルのマイクロメータカラーを任意の位置で、あらかじめ0にリ
　セットしておきます。刃先を端面に触れさせてから0にリセットする方法もありま
　す。しかし、この場合、リセットするときにハンドルがずれてしまうことがありま
　すので、あらかじめ0にセットしておくほうが無難です。

工作物の取り付け方法

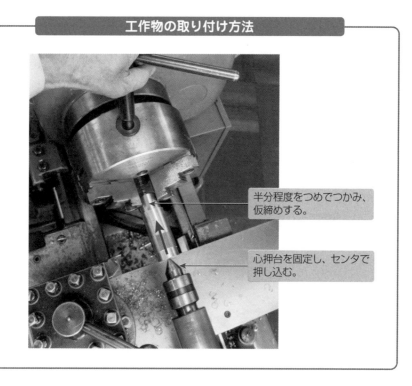

半分程度をつめでつかみ、
仮締めする。

心押台を固定し、センタで
押し込む。

刃物台送りハンドルのマイクロメータカラー

マイクロメータ
カラーを任意の位置で、
あらかじめ0に
リセットしておく。

❹始動レバーを入れて、工作物を回転させてから、バイトの刃先を端面に近付けます。

❺バイトの刃先が当たる直前で、縦送りハンドルを両手に持ち替えて、端面にかするように当てます。

縦送りハンドルの回し方

バイトの刃先が
当たる直前でバイトの
刃先が端面にかする
ように当てる。

❻横送りハンドルを回して、バイトを手前に引き、工作物から刃先が離れたところで、刃物台送りハンドルによりバイトに切込みを与えます。1回の切込み量は、最大2〜3mm程度は可能です。しかし、反対側の端面も加工しなければならないので、ここでは練習として0.5mm、削ってみましょう。中心まで削って、突起が残るようであれば、バイトの心高が一致していないので、敷板を調整します。なお、切削中は、切削油剤を与えます。

❼刃物台ハンドルを左に回して、バイトの刃先を少し戻して、工作物の端面から離します。

❽横送りハンドルを左に回して、バイトの刃先が工作物の外周から離れる位置まで手前に戻します。

❾刃物台送りハンドルを右に回して、さらに0.5mmの切込みを与え、刃物台送りハンドルの目盛カラー1.0までバイトを進めます。面削り2回目です。2回目は、仕上げ削りとなりますから、送り速度を落とすため、横送りハンドルを少しゆっくり回します。

面削り

仕上げ削りをする。送り速度を落とすため、横送りハンドルを少しゆっくり回す。

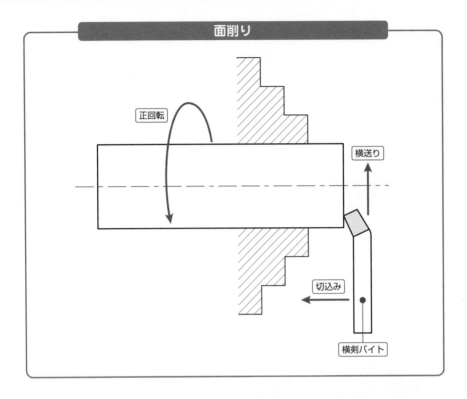

面削り

正回転

横送り

切込み

横剣バイト

❿次の心立て作業が終わったら、反対側の端面の面削りを行います。どの程度削り代が残っているか、ノギスで全長を測定しておきます。ここでは削り代が2.4mmあるとします。この場合、前述の手順❶〜❽の手順を繰り返し、まず0.5mm削ります。

⓫チャックから工作物を取り外し、全長を測定します。測定した結果、全長101.85mmであった場合、削り代は1.85mmとなります。

⓬工作物をつめの端面より30mm程度出して、チャックにつかませます。これは、あとで外丸削りを連続して行うための段取りです。

⓭削り代1.85mmの場合、切込みは、1mm荒削り、0.85mm仕上げ削りと2回に分けて面削りをします。同様に手順❶〜❽を繰り返します。削り代が少ない場合でも、2回に分けて仕上げるとよいでしょう。

名工からのアドバイス

整理整頓

作業中、切削工具、測定器、作業工具、図面をどの位置に置けばよいのでしょう。よい仕事をするには、工具や測定器をそれぞれ区別して管理しましょう。

⚙ 心立ての作業手順と注意事項

心立ての具体的な作業や注意事項について以下に示します。

❶心押軸の回転センタを取り外し、センタ穴ドリルを取り付けたドリルチャックを心押軸に取り付けます。

心押軸に取り付けたドリルチャック

ドリルチャックを
心押軸に
取り付ける。

❷最初の面削りを終えたら、工作物はチャックから取り外さないで、連続作業で心立てを行います。主軸回転数は、面削りと同じ550回転とします。

❸心押台を工作物に近付けた位置に固定します。

❹工作物を回転させ、心押台の心押軸送りハンドルを回して、センタ穴ドリルの先端が端面に接する位置まで、早送りします。接触したときに、ハンドルを両手に持ち替えて、センタ穴を加工します。このとき、切削油剤を与えます。

❺センタ穴は、センタ穴ドリルの呼びd=2.5mmの場合、JIS B 1011（センタ穴）ではD=5.3mmと規定されています。呼び径の約2倍強と覚えておきましょう。センタ穴を大きくしすぎてしまうと、あとの作業に支障が出る場合があります。

❻センタ穴をあけたら、心押台を後方に引き戻します。

❼反対側の端面のセンタ穴についても手順❷〜❻を繰り返します。

心立て作業

> 工作物を回転させ、心押台の心押軸送りハンドルを回す。センタ穴ドリルの先端が端面に接触したときにセンタ穴を加工する。

センタ（呼びd=2.5）穴の大きさ

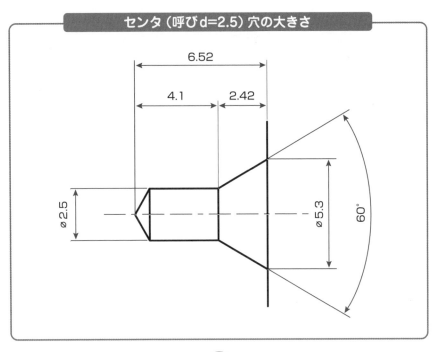

5-4 外丸削りと面取りの作業手順

外丸削りと面取りについて、準備と工具、具体的な加工手順や注意事項を説明します。

準備と工具

工作物の外周を削り取り、所定の外径に仕上げる加工を**外丸削り**（そとまるけずり）と呼びます。外丸削りによく使われるバイトは、片刃バイト、真剣バイト、斜剣バイトです。段付き丸棒の外丸削りには、片刃バイトを使用します。

面取りは、工作物の角を削り取る作業です。図に指示がない場合や加工の途中でも面取りをします。面取りを怠ると、部品と部品を組み合わせたときに、角がぶつかってしまい、うまく組み合わせられなくなります。指示のない箇所の面取りは、その部品がどのように組み合わされて使われるのかを考慮して大きさを決めます。

●準備

心押台の心押軸のドリルチャックを回転センタに交換しておきます。

●切削工具

超硬スローアウェイバイトの片刃バイト、チップの形状はT形の正三角形です。工作物の材質は快削鋼であるので、チップブレーカ付きのものを選択します。面取りを行うので、端面削りに使用した高速度鋼付刃バイトの横剣バイトを使います。

外丸削りの作業手順と注意事項

外丸削りの具体的な作業手順や注意事項について以下に示します。

❶旋盤技能検定課題の加工手順❹～⓰（本文140～143ページ）が外丸削りです。
❷超硬片刃バイトを刃物台に取り付けます。片刃バイトは、図に示すように、主切れ刃を、加工基準に対して、少し左側に傾けるように取り付けます。

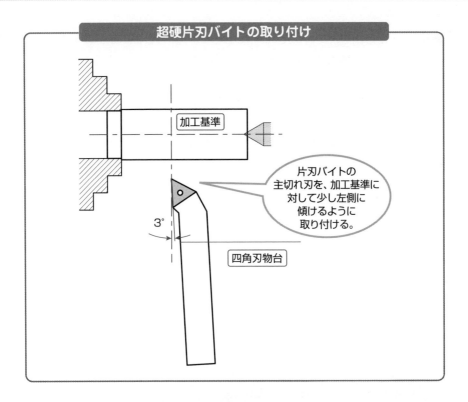

超硬片刃バイトの取り付け

加工基準

片刃バイトの
主切れ刃を、加工基準に
対して少し左側に
傾けるように
取り付ける。

3°

四角刃物台

❸主軸回転数は、550回転とします。旋盤の取り扱いに習熟している人であれば、回転数は1020回転でもよいです。

❹荒削り用の自動送り量が0.27mm／revになるように、表に従って各レバーの操作をします。

❺加工手順❹（本文140ページ）の外丸削りを行います。工作物を回転させ、縦送りの自動送りができる状態になっているか確認しておきます。送り軸が回転していないと縦送りの自動送りができません。各レバーがきちんと入っているか確認しましょう。

❻横送りハンドルと縦送りハンドルを操作して、工作物の外周に片刃バイトの刃先を近付けます。刃先が外周に近付いたところで、横送りハンドルの玉ハンドルを両手に持ち替えて、刃先を外周に接触させます。

名工からの
アドバイス

段取り

図面を見て、工具と加工手順を考えるのが段取りです。段取りが悪くては、よい仕事になりません。加工基準がどこにあるのか見極めましょう。

❼刃先が工作物の外周に触れると同時に、縦送りハンドルを右に回して、刃先を外周から離します。刃先が工作物に触れていない状態で、横送りハンドルの目盛カラーを0にリセットします。0にリセットするときに、刃先が工作物に触れた状態で行うと、摩擦により刃先を痛めるので注意しましょう。

❽図に示すように横送りハンドルにより、切込み量を1mmにして、自動送りで約10mmの外丸削りの荒削りを行います。削った部分の直径は33mmになります。

❾バイトは、縦送りハンドル、横送りハンドルによりすばやく安全な位置まで戻します。

　加工手順❸❹（本文140ページ）では、端面削り、心立て、外丸削りが同時加工になっていることが重要です。外丸削りをする前に、チャックからいったん工作物を外してしまうことのないように注意しましょう。ここまでが加工基準をつくる作業です。

片刃バイトによる外丸削り

チャックから、
いったん工作物を
外してしまうことの
ないように
注意する。

チャック・センタ作業の準備

チャック・センタ作業の準備を次の手順で行います。

❶心押台の心押軸に回転センタを取り付けます。

❷工作物をチャックから外して反転させ、33mmに削った部分をチャックのつめにつかませます。このとき、削った部分の半分をつかませて、チャックは仮締めとします。

❸センタでつめに当たるまで押し込み、チャックをしっかり締めます。

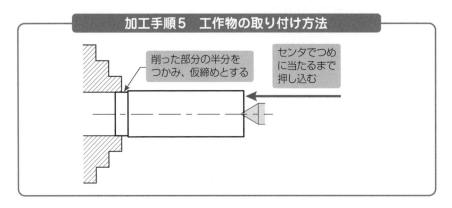

加工手順5　工作物の取り付け方法

削った部分の半分をつかみ、仮締めとする

センタでつめに当たるまで押し込む

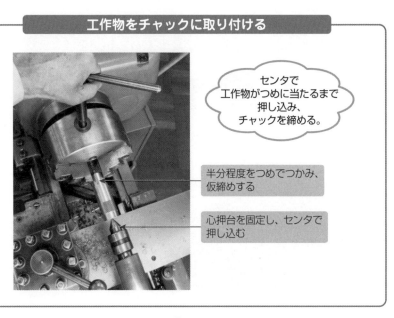

工作物をチャックに取り付ける

センタで工作物がつめに当たるまで押し込み、チャックを締める。

半分程度をつめでつかみ、仮締めする

心押台を固定し、センタで押し込む

5

旋盤加工の段取りと手順

外丸削り（加工手順❻❼）

外丸削り（加工手順❻❼：本文141ページ）の具体的な作業手順や注意事項について、以下に示します。

❶超硬片刃バイト（荒削り用）を刃物台に取り付けます。取り付け方は加工手順❹のとき（本文154〜155ページ）と同じです。

❷主軸回転数は、550回転とします。旋盤の取り扱いに習熟している人であれば、回転数は1020回転でもよいです。

❸荒削り用の自動送り量が0.27mm／revになるように、表に従って各レバーの操作をします。

❹片パスで図面に従ってけがき線を入れます。

❺横送りハンドルのマイクロメータカラーをφ35の削っていない部分の外周に当てて0にリセットします。

❻切込み量を、加工手順❻（本文141ページ）では0.25mmとし、縦送りは自動送りで外丸削りをします。

❼片パスにより、端面から25mmの位置にけがき線を入れます。

❽削り代は4.5mmですから、切込み量0.75mm、1.0mm、0.5mmの3回で外丸削りをします。

片刃バイトによる段付外丸削り

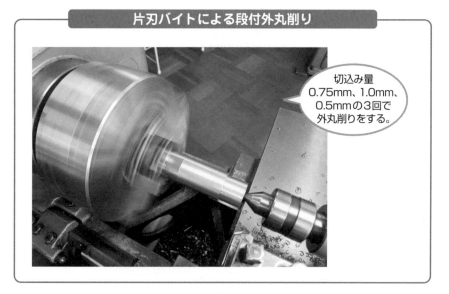

切込み量
0.75mm、1.0mm、
0.5mmの3回で
外丸削りをする。

面取りの作業手順

　工作物の角部を削り、面をつくることを**面取り**と呼びます。製図記号ではCで表します。図面に面取りの指示がない場合にも、**糸面取り**と呼ばれるC0.2～C0.3程度の面取りを行います。

　丸み付け（通称、**R面取り**）と呼ばれる、角を丸く削り取る作業を行う場合は、あらかじめ所定の半径にした総形バイトを用います。

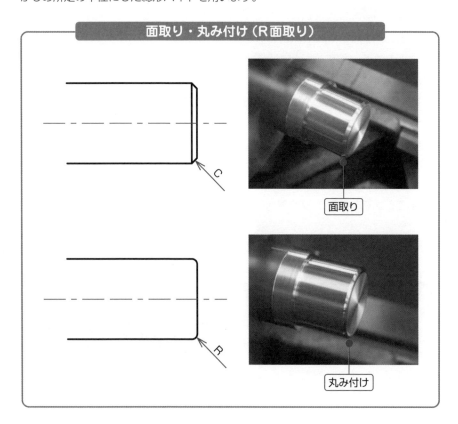

面取り・丸み付け（R面取り）

面取り

丸み付け

　面取りの作業手順について、以下に示します。

❶刃物台を回転させて、横剣バイトで削れる状態にします。

❷主軸回転数は550回転とします。

❸横剣バイトを工作物の角に接触させてから、横送り台ハンドル、あるいは刃物台送りハンドルを回して、1mm切り込んで、C1の面取りを行います。

5

旋盤加工の段取りと手順

5-5 外丸削り（荒削りと仕上げ削り）の作業手順

加工手順❿〜⓭、加工手順⓰の外丸削りの荒削りと仕上げ削りを行います。

🔘 切削工具

　超硬スローアウェイバイトの片刃バイト、チップは、荒削り用と仕上げ用の2種類のバイトを準備します。仕上げ面の粗さは、チップの先端のコーナ半径（丸み）と自動送り量で決まります。

　コーナ半径は理論的に、大きい方が滑らかで良好な仕上げ面が得られます。しかし、コーナ半径が大きくなると刃先の接する面が大きくなり、ビビリ（本文124ページのコラム参照）が発生し、仕上げ面が悪くなってしまうことがあります。

　実習では、コーナ半径0.4mmのチップを荒削り用、コーナ半径0.2mmのチップを仕上げ用としています。仕上げ用はコーナ半径は小さいですが、微少な切込み量でも削ることができるので、送り量を小さくして仕上げます。

COLUMN 戦前のベストセラーマシン「OS形旋盤」（旋盤の歴史4）

　この1918年製のOS形旋盤は、工作機械メーカーの大隈鐵工所（現オークマ株式会社）が米国セバスチャン社製の旋盤をモデルに改良を加えて生まれたものです。OSという名称は、大隈のOとセバスチャンのSから名付けられました。

　約2000台製作され、大隈鐵工所が工作機械メーカーとしての不動の地位を築く礎となった旋盤です。

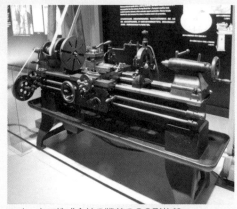

▲オークマ株式会社の戦前のOS形旋盤

外丸削り（荒削り）の作業手順と注意事項

外丸削り（荒削り）の具体的な作業手順や注意事項について以下に示します。

❶超硬片刃バイト（荒削り用）を刃物台に取り付けます。取り付け方は加工手順❹の
とき（本文154〜155ページ）と同じです。

❷主軸回転数は、550回転とします。旋盤の取り扱いに習熟している人であれば、回
転数は1020回転でもよいです。

❸荒削り用の自動送り量が0.27mm／revになるように、表に従って各レバーの操作
をします。

❹片パスで図面に従ってけがき線を入れます。

❺横送りハンドルのマイクロメータカラーをφ35の削っていない部分の外周に当て
て0にリセットします。

❻加工手順❿〜⓬（本文142ページ）まで、段付きに荒削りします。切込み量は、最
大1mm（練習として）とします。

荒削り

切込み量は
最大1mmとする。

5

旋盤加工の段取りと手順

外丸削り（仕上げ削り）の作業手順と注意事項

外丸削り（仕上げ削り）の具体的な作業手順や注意事項について以下に示します。

❶超硬片刃バイト（仕上げ用）を刃物台に取り付けます。取り付け方は加工手順❹の
とき（本文154〜155ページ）と同じです。

❷主軸回転数は、1020回転とします。

❸仕上げの自動送り量が0.13mm／revになるように、表に従って各レバーの操作を
します。より滑らかな仕上げ面にするには、自動送り量を小さくします。あるいは、
チップをコーナ半径の大きいものにします。

❹荒削りを終えた段階で、各部の仕上げ代は、約0.5mmです。

❺外側マイクロメータにより、外径を測定します。2回で仕上げることを目標にして、
切込み量を2分割にして、第1回目の仕上げ削りをします。このとき、縦送りは自
動送りで行います。

❻外側マイクロメータで外径を測定します。

外側マイクロメータによる測定

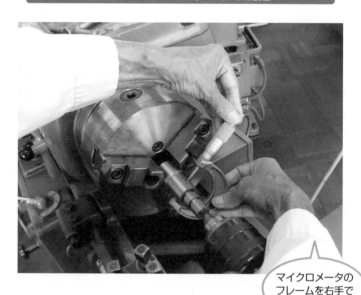

マイクロメータの
フレームを右手で
持つ。

❼図の寸法公差内に入るように、適切な切込み量を与えて、仕上げの外丸削りを行います。

　旋盤の横送りハンドルのマイクロメータカラーの1目盛は0.025mmです。1目盛の切込みで直径0.05mmを削ります。仕上げでは、1目盛単位で切込みを与えていると削りすぎてしまうことがあります。例えば、仕上げ代が0.02mmであるとすれば、切込み量は0.01mmです。マイクロメータカラーの1目盛の半分以下です。マイクロメータカラーの目盛線には幅がありますから、線の幅の分ずれる程度で切込み量は0.005mm程度です。仕上げ削りで、技が求められるのは、仕上げ代に対する適切な切込み量を与えることなのです。

❽外側マイクロメータで外径を測定し、公差内に仕上げられているかどうか、確認します。

❾つばの幅5mmの仕上げ削りを行います。刃物台送りハンドルをあらかじめ0にセットしておきます。

❿工作物を回転させ、刃先をツバの端面に当てて、刃先をφ28mmの外周に当ててから刃物台送りハンドルで、5.00になるまで削ります。

⓫加工手順⓰（本文143ページ）のφ34mmの外周も、同様の手順で仕上げます。

段付き仕上げ削り

つばの幅5mmの仕上げ削りを行う。

5

旋盤加工の段取りと手順

5-6 溝切りの作業手順

溝切りの具体的な作業手順や注意事項を説明します。

切削工具

　溝切り（みぞきり）には、高速度鋼付刃バイトのヘール突切りバイト（32形）を準備します。溝の幅は、バイトの刃先の幅となるので、1回の加工で終えるように、あらかじめ、溝の幅と同じ幅に研いだヘール突切りバイトを準備します。

　ここでは、課題の図面上で（4）の指示（本文136ページ）があるので、約4mmの突切りバイトを使います。切削油剤を準備しておきます。

ヘール突切りバイト

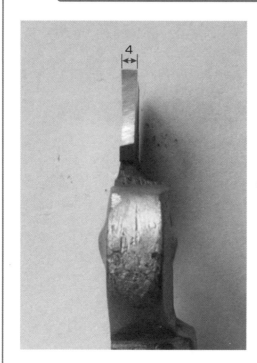

> 溝切りには、
> 高速度鋼付刃バイトの
> ヘール突切りバイトを
> 準備する。

溝切りの作業手順と注意事項

溝切りの具体的な作業手順や注意事項について以下に示します。

❶ヘール突切りバイトを刃物台に取り付けます。バイトの刃先が工作物に対して、下図のように真直になるように取り付けます。

❷回転数は、ヘールバイトであるので、最も遅い83回転を選択します。

❸刃物台送りハンドルを左に回して、30mm程度、手前に下げて、マイクロメータカラーを0にセットしておきます。0に合わせるときは、**バックラッシ***に注意しながら、ハンドルを右回転して、任意の位置で0にします。

❹工作物を回転させて、端面にバイトの刃先を近付けていき、刃先の左角を端面に当てて、ここを0とします。

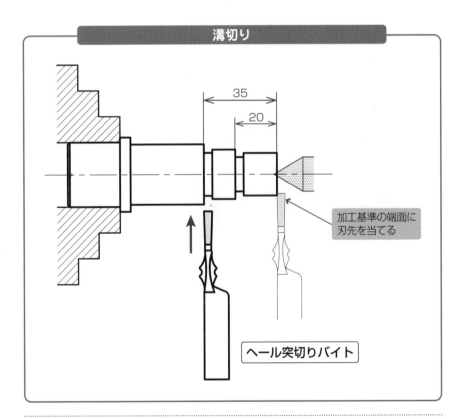

溝切り

35
20

加工基準の端面に刃先を当てる

ヘール突切りバイト

***バックラッシ** 送り軸のおねじと軸受のめねじのすきまのこと。送り軸の回転を円滑にするために設けられている。

❺横送りハンドルを回して、バイトを手前に下げます。バイトが工作物から離れたら、刃物台送りハンドルを回して、図面に従い、端面から20mmの位置に移動させます。

❻横送りハンドルを回してバイトを工作物に当てて、溝切りをします。バイトの刃先が外径19.8mmの外周に接したとき、横送りハンドルのマイクロメータカラーを0にリセットします。

❼切込み量が1.9mmになると外径16mmとなりますので、ここでバイトを手前に下げます。切削中は、切削油剤を与えます。

❽バイトを下げたら、次に加工手順⓯（本文143ページ）の端面から35mmの位置に直径20mmの溝切りを行います。

溝切り

切込み量が1.9mmになると外径16mmとなるので、バイトを手前に下げる。

テーパ削りの作業手順

テーパ削りの準備と具体的な作業手順や注意事項を説明します。

 準備

　　テーパ削りでは、刃物台を傾けて手送りで削ります。刃物台を傾ける角度を、あらかじめ計算して求めておきます。

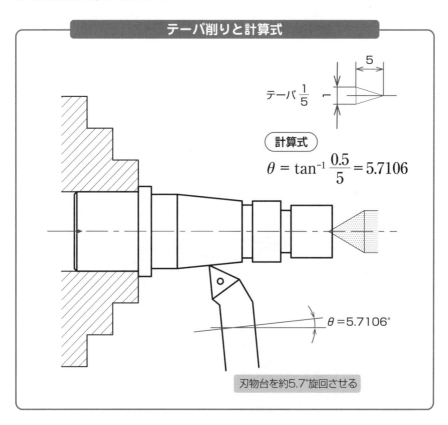

テーパ削りと計算式

テーパ $\frac{1}{5}$

計算式

$$\theta = \tan^{-1} \frac{0.5}{5} = 5.7106$$

$\theta = 5.7106°$

刃物台を約5.7°旋回させる

5

旋盤加工の段取りと手順

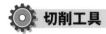
切削工具

　超硬スローアウェイバイトの仕上げ用片刃バイトを準備します。外丸削りに使用した仕上げ用超硬スローアウェイバイトと同じものを使用します。

テーパ削りの作業手順と注意事項

　テーパ削りの具体的な作業手順や注意事項について以下に示します。

❶刃物台に超硬スローアウェイバイトの片刃バイトを取り付けます。この場合、刃物台が心押台に当たらないように、刃先を70～80mm、刃物台より出して付けます。
❷刃物台を約5.7度反時計回りに旋回させます。

　このとき、旋回台に刻まれている角度目盛は1度単位です。ところが、実際にテーパ合わせをするときは微少な角度が多く、0.1度以下の精度でテーパの角度を合わせなければなりません。
　旋回台を微少に旋回させるときは、旋回台固定ねじを半締めとしておき、左手親指を旋回台に当て、右手の木ハンマで軽く刃物台の角をたたいて動かします。このとき、目に見えないような微少な動きも、左手の親指が感知します。

刃物台の旋回

刃物台を反時計回りに旋回させる。左手の親指が旋回台の微少な動きを感知する。

旋回の角度

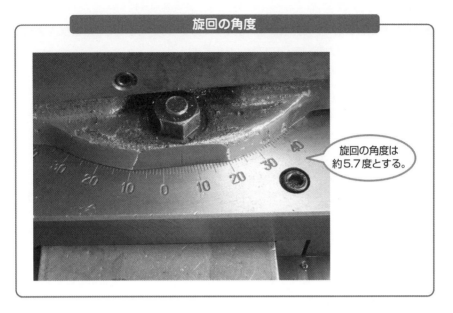

旋回の角度は約5.7度とする。

❸写真に示すように、工作物のつばの側面から10mmのところに刃先を合わせます。

10mmの測定

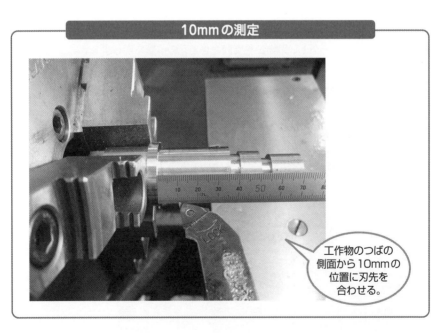

工作物のつばの側面から10mmの位置に刃先を合わせる。

❹主軸回転数は1020回転とします。

5

旋盤加工の段取りと手順

❺工作物を回転させて、刃先をφ28の外周に当てます。このとき、横送りハンドルのマイクロメータカラーを0にリセットします。

❻刃物台送りハンドルを回し、バイトをテーパの起点の位置まで戻します。

テーパ加工のとき、縦送りハンドルを回すことのないように注意しましょう。

❼外周に刃先を当てて、そのときの横送りハンドルのマイクロメータカラーを読みます。

❽バイトを工作物から離れるところまで戻します。

❾横送りハンドルを回して、0.5～1mm程度切り込みます。

❿バイトが工作物から離れるまで、刃物台送りハンドルを回して、テーパ部を削ります。

⓫上記の手順❽～❿を繰り返し、横送りハンドルのマイクロメータカラーが0になれば終了です。

ここで、テーパ角度をゲージあるいは部品のテーパ穴と合わせるときは、手順❷の要領で旋回台を微少に動かして、テーパ角度が一致するまでこの作業を繰り返します。

⓬バイトを刃物台から外し、刃物台を旋回させて元の位置に戻します。

テーパ削り

バイトが工作物から
離れるまで、刃物台送り
ハンドルを回して、
テーパ部を削る。

5-8 ねじ切りの作業手順

ねじ切りの準備と作業手順を説明します。

 準備

　課題ではM20のメートル三角ねじをねじ切りするので、ねじのピッチを調べて、そのピッチのねじが切れるように、主軸台横のサイドカバーを開き、換え歯車をセットしておきます。M20は、図にピッチの表示がないので標準の並目ねじで、p＝2.5mmです。

　ねじ切りダイヤルについても事前に計算しておきます。実習で使用している旋盤は親ねじのP＝4mmです。

$$\frac{\text{工作物のピッチp}}{\text{親ねじのP}} = \frac{2.5}{4} = \frac{5\,(\text{親ねじの回転数})}{8\,(\text{工作物の回転数})}$$

　この計算から親ねじ5回転ごとに、同期点があることがわかります。ねじ切りダイヤルのウォーム歯車には歯数20枚のものがあります。これを使用すると、親ねじ20回転でねじ切りダイヤルは1回転します。つまりねじ切りダイヤル4分の1回転ごとに同期点がありますので、ねじ切りダイヤルの4等分のAの記号があるところが同期点となります。

　仕上がりまでの切込み量を計算しておきます。第4章の4-9節（ねじ切り作業の実際：本文128ページ）で紹介したように、ピッチ2.5mmの場合は次のようになります。

$$\text{切込み量}a \fallingdotseq 0.613P = 0.613 \times 2.5 = 1.5325mm$$

　実際には、ねじ部の外径を呼び径より少し小さいφ19.8に仕上げていますので、切込み量1.45mm程度で仕上がりとなります。

5

旋盤加工の段取りと手順

ねじ切りバイトを取り付ける際に必要なセンタゲージと、ねじの検査に必要なねじゲージを準備しておきます。また、ねじ切りには切削油剤を使用しますので準備しておきます。

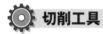 切削工具

ねじ切りには、高速度鋼付刃バイトのヘールねじ切りバイトを準備します。刃先角度が60度になっているかどうか、センタゲージで確認しておきます。

ねじ切りの作業手順

ねじ切りの作業手順を以下に示します。

❶刃物台にヘールねじ切りバイトを取り付けます。心高ゲージを用いて、刃先の先端をゲージの高さに合わせます。

❷次ページの図に示すように、センタゲージを用いて60度の刃先が正確に、軸心に対して対称になるように取り付けます。

ねじ切りバイトの心高合わせ

心高ゲージを用いて、刃先の先端をゲージの高さに合わせる。

ねじ切りバイトの取り付け方

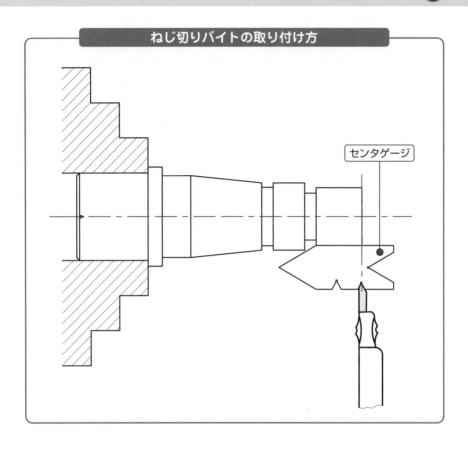

センタゲージ

❸ヘールバイトを使用しますので、主軸回転数は83min⁻¹にします。

❹ねじ切りを始める前に、ねじ切りバイトでねじ部の面取りをしておきます。

❺ねじ部の外周に刃先を当てて、横送りハンドルのマイクロメータカラーの目盛を0
にセットします。刃物台送りハンドルは、任意の位置でマイクロメータカラーの目
盛を0にセットします。

❻第4章のねじ切りの切込み法（本文
133ページ）について述べたよう
に、荒削りでは斜進法で、仕上げは直
進法でバイトに切込みを与えます。
ピッチ2.5のねじ切りの場合、次
ページの表により加工します。

加工手順

加工手順は、図面ごとに異なりますが、考
え方は共通のものです。軸ものとフランジ
もの、この2種類の加工手順が基本です。
この考え方を身に付けましょう。

▼ねじ切りの切込み量 P = 2.5

回	横送りハンドル	刃物台送りハンドル	備考
1	0.1	0.05	
2	0.3	0.15	
3	0.5	0.25	
4	0.6	0.3	
5	0.7	0.35	
7	0.8	0.4	
8	0.9	0.45	
9	1.0	0.5	
10	1.1	0.55	
11	1.2	0.60	
12	1.25	固定	
13	1.3		
14	1.35		
15	1.4		
16	1.425		ねじゲージで確認する。
17	1.45		以降、1目盛ずつ切込みねじ
18	1.475		ゲージが入った段階で仕上が
19	1.5		り。

ねじ切り

荒削りでは斜進法、
仕上げは直進法で
バイトに切込みを
与える。

5-9 面取りの作業手順

最後に、各角部の面取りを切込み角45度の横剣バイトで行い、完成させます。

 各部の面取り

旋盤加工で、最後に行うのが**面取り**です。加工の途中でも角が立っていては正確な測定ができないので随時、面取りは行われますが、総仕上げとしての面取りをすべての角に対して行います。面取りされていないと、角が当たって部品をうまく組み合わせることができません。

図面（本文136ページ）では、C（英語のchamferingの頭文字）の記号で指示されている部分です。図面にCの指示がないところでも、C0.2〜C0.3程度の面取りを施します。このようなわずかな切込みによる面取りは、**糸面取り**と呼びます。

ねじ部の面取りは、通常のCの面取りでもよいですが、ねじ切り作業を終えたときに、ねじ切りバイトで30度の面取りをしておきましょう。

各部面取り

面取りには、切込み角45度の**横剣バイト**、あるいは**真剣バイト**を使用する。

5

旋盤加工の段取りと手順

旋盤は、「旋回する台」が語源ですが、旋回させてものを加工する道具（機械）は、**ろくろ**と呼ばれています。現在、陶芸用の旋回台はろくろと呼ばれ、また、こけしをつくるときに使われる、木を丸く削る旋回台、現代的にいえば木工旋盤ですが、これもろくろと呼ばれています。

現代のろくろは、陶芸用も木工用も電動ですが、昔は足踏み式でした。木工ろくろの切削工具は、**鉋**（かんな）、あるいは**鑿**（のみ）と呼ばれています。

バイトに相当するものですが、金属旋盤と違い、刃物は手に持ち、受け台で支えながら削ります。手が刃物台ですから、自由自在に動かすことができますので、こけしや椀（わん）などの曲面加工

が得意です。

ろくろ挽（ひ）きは伝統産業で、木製の椀や盆を加工する職人は**木地師**（きじし）と呼ばれています。

▲ろくろ挽き

6

技能検定2級に
チャレンジ！

　本章は第5章の応用編です。技能検定の実技
試験問題には、普通旋盤加工の基本作業のすべ
てが組み込まれています。旋盤加工に限らず機
械加工において、仕上がり品質は「段取り」と
「加工手順」をいかに組むか、で決まります。とり
わけ、技能検定では作業時間が限られています。
段取りと加工手順が悪いと、時間内に実技試験
問題の課題を完成させることができません。

　本章で紹介する段取りと加工手順は、一例に
すぎません。本書の加工手順をもとにして、実際
の検定試験に使われる機械や工具に適した加工
手順を考えてみましょう。

6-1 技能検定2級の実技試験問題の概要

職業能力開発促進法に基づき実施される国家技能検定には130職種があります。ものづくり産業の中心となる機械加工の作業職種は9職種あり、工作機械を代表する「旋盤」による普通旋盤作業（以下、旋盤技能検定と略す）は、機械加工の最も代表的な職種であり、旋盤工（旋盤技能士）は機械工の花形ともいえる存在です。

旋盤技能検定には3級から1級までありますが、ここでは、技能検定2級の普通旋盤作業について解説します。

旋盤技能検定2級の実技試験問題の概要

技能検定2級「普通旋盤作業」の実技試験は、工作機械の中でも最も代表的な旋盤を使用しての切削加工に必要な技能・知識を対象としています。旋盤作業の内容は、各種切削工具の取り付け、加工の段取り、円筒・テーパ・曲面・平面・偏心の切削、穴あけ・中ぐり、ねじ切りなどです。関連する技能・知識として、切込み・切削速度の決定、切削工具の寿命判定、刃先の再研削、作業時間見積りなどがあります。また、図面が読めなければなりませんので、製図に関する知識をはじめ、機械材料、電気、安全衛生に関する知識も含まれています。

第5章の旋盤技能検定課題になかった内容として、旋盤技能検定2級では、4つづめ単動チャック（インデペンデントチャック）による心出しと偏心加工、軸と穴のはめ合い、テーパ加工によるすり合わせがあります。

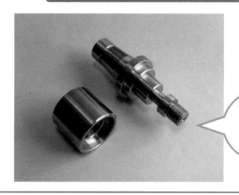

技能検定2級の実技課題

技能検定2級の材料はS45C、2つの部品の加工時間は3時間。

旋盤技能検定2級の実技試験問題の課題図

指示のない各稜は、糸面取り（C0.1〜0.3）とすること。

〈部品図〉

① $\sqrt{}$ Ra 1.6 ($\sqrt{}$ Ra 6.3 $\sqrt{}$ Ra 25)

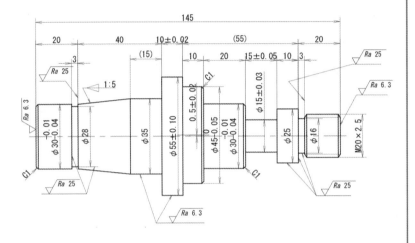

② $\sqrt{}$ Ra 1.6 ($\sqrt{}$ Ra 6.3)

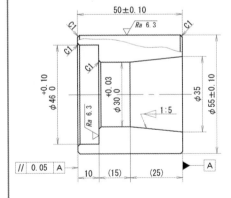

〈組立図〉

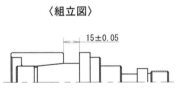

15±0.05

※出典：中央職業能力開発協会

　試験問題の実施要項に沿って、受検者が持参する工具と測定器を考えてみましょう。

⚙ 切削工具

　受検者が持参するバイトとセンタ穴ドリルがあります。

　バイトについては、19本以内であれば、試験問題に例示されているものでなくてもよいので、のちに述べる加工手順に適したバイトをここでは紹介しておきます。

❶超硬右片刃バイト（スローアウェイバイト）
　荒削り用：2本
　仕上げ用：2本
　スローアウェイバイトのチップの交換は、事前に申し出ればできますが、1回切れ刃位置を交換すると、バイト1本分としてカウントされるので、ホルダごと交換するように準備しておくのがよいでしょう。

❷超硬向きバイト（スローアウェイバイト）：2本
　端面削り用のバイトですが、黒皮削りに用いてもよいでしょう。

❸横剣バイト（高速度鋼付刃バイト、通称ハイス）：1本
　面取りと端面削りの仕上げに使います。向きバイトのように、切れ刃を45°に研いでおきます。

❹ヘール突切りバイト（ハイス）：1本
　刃幅を3mmに研いでおきます。テーパとねじの逃げ溝の溝切りに使います。

❺ヘール仕上げバイト（ハイス）：1本
　刃幅10mm程度のものを準備します。

❻ヘールおねじ切りバイト（ハイス）：1本
　ピッチ2.5mmのおねじを切りますので、ノーズ半径0.3mm程度に研いでおきます。

❼超硬穴ぐりバイト（スローアウェイバイト）：1本
　内径30mmの穴を削ることのできる適切なシャンクのバイトを準備します。超硬

バイトによる穴ぐりは、ビビリが発生しやすいので、シャンクは可能な限り太いものを準備します。

❽穴ぐりバイト（ハイス）：1本

内径30mmの穴およびテーパ穴の仕上げに使います。内側の面取りにも使いますので、切れ刃を45°に研いでおきます。

❾穴ぐりバイト（ハイスまたは超硬）：1本

段付き穴の加工に使います。切れ刃を外丸削り用の片刃バイトのように研いでおきます。超硬スローアウェイバイトの場合、ビビリが発生しにくい形状のチップのものを準備します。

バイトは以上で13本ですが、19本まで持参が認められているので、適宜、予備のバイトを準備します。

❿センタ穴ドリル

指定は2～3mmですから、60°A形、呼び2.5のセンタ穴ドリルを準備します。呼び3.15は、指定外ですので使わないようにしましょう。失格となります。

その他の工具としては、油砥石（あぶらといし）などを適宜、準備します。

測定器

❶外側マイクロメータ　測定範囲0～25：1個
❷外側マイクロメータ　測定範囲25～50：1個
❸外側マイクロメータ　測定範囲50～75：1個
❹シリンダゲージ　　　測定範囲 29～31：1個

φ30の内径を測定します。

内側マイクロメータの使用も許可されています。

❺ダイヤルゲージ：1個

心出しと偏心加工の偏心量の測定に使います。ダイヤルゲージは、スタンド付きで準備します。

❻ノギス　最大測定長150mmまたは200mm：1個
❼鋼製直尺（スケール）　150mmが測定できるもの：1個
❽センタゲージ　60°：1個
❾トースカン：1個

6-3 支給材料と練習切削

　実技課題用の支給材料は、写真に示すように、機械構造用炭素鋼材S45Cの黒皮の丸棒で、部品①の材料の両端面は荒削りされています。部品②の材料は、端面削りとφ25のドリルによる穴加工がされています。

支給材料と練習切削

　試験開始前に30分間の練習切削ができるので、このときに心出しするときのチャックのつめの位置を確認しておきましょう。

旋盤技能検定2級の支給材料

支給材料は材質S45Cの黒皮の丸棒。部品②の材料にはφ25の穴がある。

試験開始前の練習切削

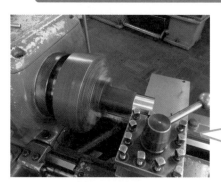

練習切削では、黒皮の外丸削りができる。φ56以下に削りすぎないように注意する。

旋盤技能検定2級の実技試験問題の支給材料図

支給材料　材質　S45C

部品①用

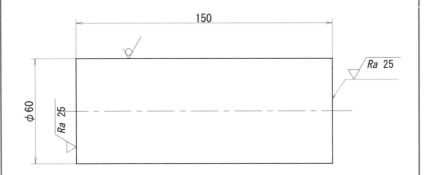

部品②用

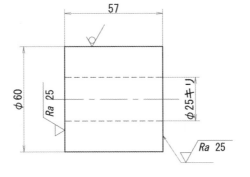

※出典：中央職業能力開発協会

練習切削の加工手順

練習1

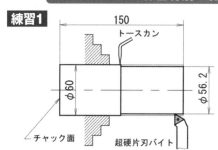

・部品①の材料を図のように取り付ける。
・チャックは4つづめ単動チャックであるから、トースカンを用いて心出ししながら取り付ける。

・外丸削り（荒削り）
　超硬片刃バイト（荒削り用）
　主軸回転数：550min⁻¹
　縦送り：0.25mm/rev

練習2

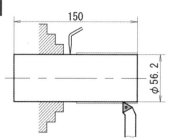

・部品①の材料を反転して図のように取り付ける。
・トースカンを用いて心出ししながら取り付ける。
・φ56.2以下に削りすぎないように注意する。

・外丸削り（荒削り）
　超硬片刃バイト（荒削り用）
　主軸回転数：550min⁻¹
　縦送り：0.25mm/rev

練習3

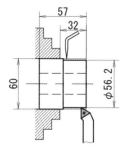

・部品②の材料を図のように取り付ける。
・チャックは4つづめ単動チャックであるから、トースカンを用いて心出ししながら取り付ける。

・外丸削り（荒削り）
　超硬片刃バイト（荒削り用）
　主軸回転数：550min⁻¹
　縦送り：0.25mm/rev

練習4

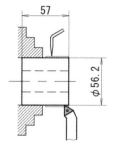

・部品②の材料を反転して図のように取り付ける。
・トースカンを用いて心出ししながら取り付ける。
・φ56.2以下に削りすぎないように注意する。

・外丸削り（荒削り）
　超硬片刃バイト（荒削り用）
　主軸回転数：550min⁻¹
　縦送り：0.25mm/rev

6-4 加工手順

技能検定2級の実技試験問題の加工手順を考えてみましょう。加工手順を組む
ときの考え方の基本は、第5章の愛知県高等学校工業教育研究会の検定課題と同
じです。

技能検定2級の実技試験問題の特徴と加工手順の考え方

技能検定2級の実技試験では、旋盤の主軸端に装着されているチャックは、4つづ
め単動チャックです。スクロールチャックと異なり、ダイヤルゲージを用いて材料の
心出しを行わなければなりません。心出しには一定の時間が必要ですので、技能検定
試験対策として、心出しの回数が最も少なくなるように加工手順を組み立てます。

部品①の加工手順は、偏心加工が最後となるように加工手順を組みますので、最初
にねじ側の荒削りをして、反対側のテーパ側の荒削りと仕上げ、テーパ加工をする、
という手順です。心出し回数は偏心も含めて4回です。

部品②は、外周の仕上げと、穴加工、テーパ加工をし、段付き穴を仕上げる、という
手順で組みます。心出し回数は2回です。

正直台による作業

ダイヤルゲージの
測定子は2カ所で当て、
ともに針の振れが
0になるようにする。

旋盤技能検定2級の加工手順（1）

①

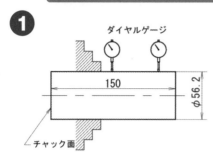

ダイヤルゲージ
150
φ56.2
チャック面

・部品①の材料を図のように取り付ける。
・チャックは4つづめ単動チャックであるから、ダイヤルゲージを用いて心出ししながら取り付ける。
・ダイヤルゲージは図に示すように2カ所測定し、振れのないようにする。

②

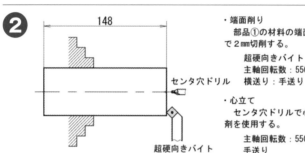

148
センタ穴ドリル
超硬向きバイト

・端面削り
　部品①の材料の端面を超硬向きバイトで2mm切削する。
　　　超硬向きバイト
　　　主軸回転数：550min⁻¹　横送り：手送り
・心立て
　センタ穴ドリルで心立てする。切削油剤を使用する。
　　　主軸回転数：550min⁻¹
　　　手送り

③

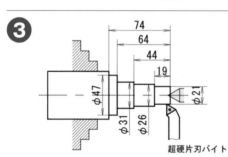

74
64
44
19
φ47 φ31 φ26 φ21
超硬片刃バイト

・心立て後、心押台の回転センタで支える。
・外丸削り（荒削り）
　　超硬片刃バイト（荒削り用）
　　主軸回転数：550min⁻¹
　　縦送り：0.25mm/rev

④

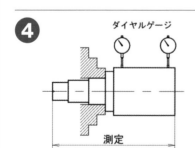

ダイヤルゲージ
測定

・チャックに取り付ける前に全長を測定しておく。
・反転してφ31の部分をチャッキング。
・ダイヤルゲージを用いて心出ししながら取り付ける。
・ダイヤルゲージは、図に示すように2カ所測定し、振れのないようにする。

旋盤技能検定2級の加工手順（2）

⑤

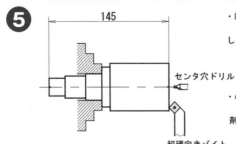

145

センタ穴ドリル

超硬向きバイト

・端面削り
　端面を超硬向きバイトで削り代分切削
し、全長145mmに仕上げる。
　　超硬向きバイト
　　主軸回転数：550min⁻¹
　　横送り：手送り

・心立て
　　センタ穴ドリルで心立てする。切削油
剤を使用する。
　　主軸回転数：550min⁻¹
　　手送り

⑥

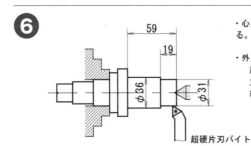

59

19

φ36

φ31

超硬片刃バイト

・心立て後、心押台の回転センタで支え
る。

・外丸削り（荒削り）
　　超硬片刃バイト（荒削り用）
　　主軸回転数：550min⁻¹
　　縦送り：0.25mm/rev

⑦

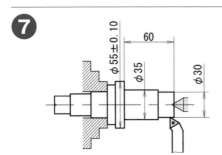

φ55±0.10

60

φ35

φ30

・φ55を仕上げる。
・φ35、端面から60を仕上げる。
　　次にφ30を公差に入るように仕上げる。

・外丸削り（仕上げ削り）
　　超硬片刃バイト（仕上げ用）
　　主軸回転数：1000min⁻¹
　　縦送り：0.10mm/rev

⑧

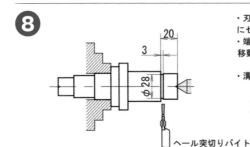

20

3

φ28

ヘール突切りバイト

・刃幅3mmのヘール突切りバイトを刃物台
にセットする。
・端面を加工基準として、刃物台を20mm
移動させ、溝切りする。

・溝切り
　　ヘール突切りバイト
　　主軸回転数：60min⁻¹
　　手送り、切削油剤使用

6

技能検定2級にチャレンジ！

旋盤技能検定２級の加工手順（３）

❾

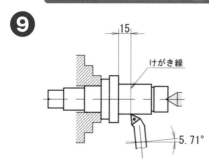

- テーパ削り
 複式刃物台の旋回台をテーパの角度
5.71°に傾けてセットする。
 刃物台に超硬片刃バイト（仕上げ用）を
取り付け、図に示すように φ55 の端面か
ら 15mm の位置にバイトの刃先を合わせる。
 材料を回転させ、15mm の位置にけがき
線を入れると同時に横送りハンドルのマ
イクロメータカラーを 0 にリセットする。

❿

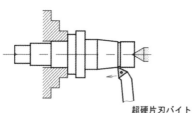

超硬片刃バイト

- テーパ削り
 けがき線を入れたあと、刃物台ハンド
ルで図の位置までバイトを戻し、テーパ
削りを行う。横送りハンドルのマイクロ
メータカラーが 0 で、テーパ削りを終了す
る。
 超硬片刃バイト（仕上げ用）
 主軸回転数：1000min⁻¹
 送り：手送り
 1 回の切込み量：0.5mm

⓫

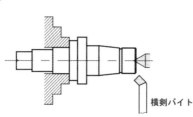

横剣バイト

- 面取り
 C 1 ほか、各部糸面取りする。

 横剣バイト（ハイス）または超硬
 向きバイト
 主軸回転数：280min⁻¹
 手送り、切削油剤使用

⓬

ダイヤルゲージ

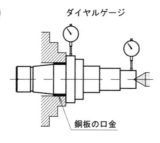

銅板の口金

- チャックのつめに銅板の口金をセット
する。
- 工作物を反転し、チャッキング。
ダイヤルゲージにより 2 カ所の心出しを
行う。
- 心出し後、心押台の回転センタで支持
する。

旋盤技能検定2級の加工手順（4）

⓭

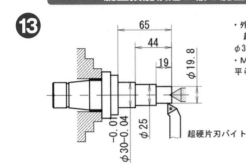

超硬片刃バイト

・外丸削り
　超硬片刃バイト（仕上げ用）により、
φ30、φ25を仕上げる。
・M20の外径は、ねじ山の頂をわずかに
平らにするためにφ19.80に仕上げる。
　超硬片刃バイト（仕上げ用）
　主軸回転数：1000min⁻¹
　縦送り：0.10mm/rev

⓮

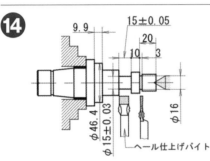

ヘール仕上げバイト

・外丸削り
　φ45の偏心部の外径をφ46.4まで削り、
幅9.9mmとする。
　超硬片刃バイト（仕上げ用）
　主軸回転数：1000min⁻¹
　縦送り：0.10mm/rev

・溝切り
　φ15の溝部は、ヘール仕上げバイトで行
う。刃幅を事前に測定しておく。
　ヘール仕上げバイト（ハイス）
　主軸回転数：60min⁻¹
　手送り、切削油剤使用

⓯

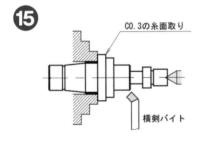

C0.3の糸面取り

横剣バイト

・面取り
　C1の面取りのほか、各部糸面取りする。
φ55部の面取りは、偏心加工で、0.1mm側
面を削るため、C0.3程度とする。
　横剣バイト（ハイス）または超硬
　向きバイト
　主軸回転数：280min⁻¹
　手送り、切削油剤使用

⓰

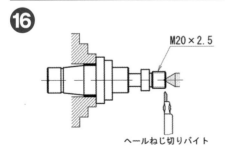

M20×2.5

ヘールねじ切りバイト

・おねじ切り
　M20のねじ切りをする。
　ねじ切りバイトのセット方法について
は、本文132ページを参照。
　ねじ切り時の切込み量は、本文174ペー
ジの表による。
　ねじ切りは、一般にハーフナットレバ
ーを用いるが、技能検定ではねじ切り部
の長さが短いので、主軸の正転・逆転で
切るのがよい。
　ねじ切り後、両側の面取りをねじ切り
バイトで行う。

6

技能検定2級にチャレンジ！

旋盤技能検定2級の加工手順（5）

⑰

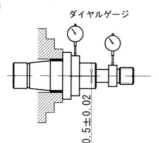

ダイヤルゲージ

0.5±0.02

・偏心加工
　心押台の回転センタを下げる。
　φ47の部分にダイヤルゲージの測定子
を当て、0.50mm偏心するようにチャック
のつめを動かす。ダイヤルゲージの測定
子の移動量は1.00mmである。
　軸心の振れがないようにするため、
φ25のところでも偏心量0.5mmであること
を確認しておく。

⑱

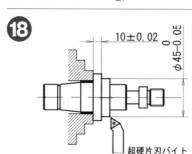

10±0.02

$\phi 45^{0}_{-0.05}$

超硬片刃バイト

・偏心加工、外丸削り、側面削り
　φ46の偏心部の外丸削りを超硬片刃バ
イトで行う。
　同時に幅10の部分の側面を削り、寸法
公差内に入るように仕上げる。

　超硬片刃バイト（仕上げ用）
　主軸回転数：1000min⁻¹
　縦送り：0.10mm/rev
　横送り：手送り

⑲

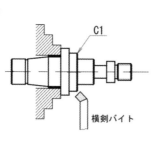

C1

横剣バイト

・面取り
　偏心部φ46のC1の面取りをする。

　横剣バイト（ハイス）または超硬
　向きバイト
　主軸回転数：280min⁻¹
　手送り、切削油剤使用

⑳

ダイヤルゲージ

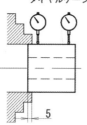

5

・完成した部品①を取り外し、部品②の
材料を図に示すように約5mmをチャック
のつめでつかみ、ダイヤルゲージで心出
ししながら取り付ける。
　ダイヤルゲージは、軸心の振れがない
ように、2カ所で測定するとよい。

旋盤技能検定2級の加工手順（6）

㉑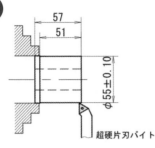

超硬片刃バイト

- 外丸削り
    超硬片刃バイト（仕上げ用）により、φ55±0.10を仕上げる。
- 長手方向は、50mm以上とする。チャックのつめに当たらないよう注意する。
    超硬片刃バイト（仕上げ用）
    主軸回転数：1000min⁻¹
    縦送り：0.10mm/rev

㉒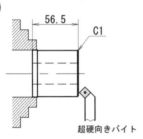

超硬向きバイト

- 端面削り、面取り
    超硬向きバイトにより、端面を0.5mm削る。
- 端面削りと同時に、C1の面取りを行う。

    超硬片刃バイト（仕上げ用）
    主軸回転数：1000min⁻¹
    横送り：0.10mm/rev、手送り

㉓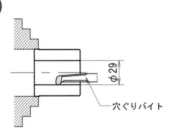

穴ぐりバイト

- 穴ぐり（荒削り）
    穴ぐりバイトで内径φ29まで、荒削りする。
    穴ぐりバイト（ハイス）または超硬穴ぐりバイト
    主軸回転数：180min⁻¹
    縦送り：0.20mm/rev

㉔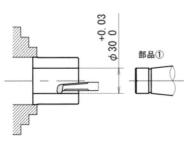

部品①

- 穴ぐり（仕上削り）
    穴ぐりバイトで内径φ30を寸法公差内に仕上げる。内径はシリンダゲージで測定する。
- 部品①をはめ合わせて確認しておく。

    穴ぐりバイト（ハイス）または超硬穴ぐりバイト
    主軸回転数：180min⁻¹
    縦送り：0.10mm/rev

6

技能検定2級にチャレンジ！

旋盤技能検定2級の加工手順（7）

㉕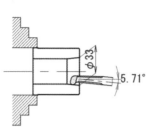

・テーパ削り
　複式刃物台の旋回台をテーパの角度5.71°に傾けてセットする。
　刃物台に穴ぐりバイト（ハイス）を取り付け、図に示すようにφ33程度まで削り、部品①をはめ合わせてテーパの当たりを見る。部品①のテーパ面2カ所に光明丹を塗り、当たり具合を見る。
　　穴ぐりバイト（ハイス）または超硬穴ぐりバイト
　　主軸回転数：180min⁻¹
　　手送り、切削油剤使用

㉖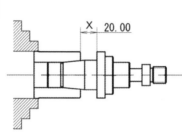

・テーパ削り
　テーパ1：5（1/5）であるので、切込み0.1mmに対し、長手方向は1mm進む。テーパの当たりが80％以上になった段階で、Xの寸法を測定する。
　例として、Xが20.00である場合、仕上がり寸法は15±0.05であるため、長手方向に5mm進めるので、穴ぐりバイトの切込み量0.5となる。これを2回に分けて削り、15±0.05になるようにテーパ削りをする。

㉗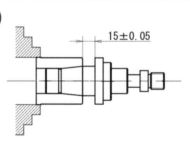

・テーパ削り
　図に示すように、部品①のテーパ部をはめ合わせ、15±0.05になっているか確認する。
　　穴ぐりバイト（ハイス）または超硬穴ぐりバイト
　　主軸回転数：180min⁻¹
　　手送り、切削油剤使用

㉘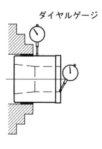

ダイヤルゲージ

・チャックのつめに銅板の口金をセットする。
・部品②の材料を、図に示すようにチャッキング。
ダイヤルゲージにより2カ所の心出しを行う。

旋盤技能検定2級の加工手順（8）

㉙

50±0.10

超硬向きバイト

・端面削り、面取り
　超硬向きバイトにより端面削りをし、全長50±0.10を仕上げる。
　端面削り後、C1の面取りをする。
　　超硬向きバイト
　　主軸回転数：1000min⁻¹
　　送り：手送り

㉚

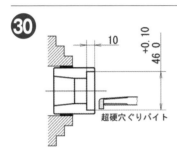

10

$46 {}^{+0.10}_{0}$

超硬穴ぐりバイト

・穴ぐり
　超硬穴ぐりバイトで、φ46の穴ぐりを行う。
　端面を加工基準として、バイトの刃先を端面に合わせ、刃物送り台ハンドルのマイクロメータカラーを0にリセットする。送りは手送りとし、深さ10mmを仕上げる。
　　超硬穴ぐりバイト
　　主軸回転数：1000min⁻¹
　　送り：手送り

㉛

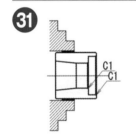

C1
C1

・面取り
　穴ぐりバイトで内側の2カ所の面取りC1をする。
　　穴ぐりバイト（ハイス）または超硬穴ぐりバイト
　　主軸回転数：180min⁻¹
　　手送り、切削油剤使用

㉜

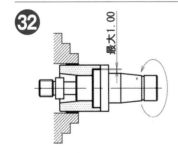

最大1.00

・部品②完成後に、部品①を図のようにはめ合わせ、部品①が1回転できることを確認する。

6

技能検定2級にチャレンジ！

6-5 加工のテクニック

技能検定2級では、第5章の技能検定課題の加工テクニックに加えて、偏心加工とテーパ加工がありますので、この2つの加工テクニックについて解説します。

偏心加工

部品①の加工手順の最後に、0.5mm偏心させてφ45の外丸削りを行います。偏心量の設定は、心押台の回転センタを外した状態で行います。

ダイヤルゲージの測定子をφ55の外周に当てます。

4つづめ単動チャックの各つめを右回りに1～4番とし、1番と2番のつめを少し緩めます。しっかり締め付けた状態から半づかみにします。次の3番のつめを締めます。すると1番のつめの緩んだ分だけ偏心します。

偏心量は0.5±0.02ですから、ダイヤルゲージの針は1.00mm振れればよいことになります。1番と3番のつめを交互に少し緩め、締め付ける、という操作を繰り返して、最終的に針がぴったり1.00mm振れるようにします。

偏心量の設定が終わったら、φ25の位置でも測定し、軸心のねじれがないように、木ハンマなどでたたいて調整します。

偏心量の測定

> ダイヤルゲージの針が1回転(1.00mm)振れるように軸心を偏心させる。

テーパ加工

部品②のテーパ加工では、部品①とテーパのすり合わせをします。

穴ぐりバイトでテーパ削りを始めるとき、バイトの刃先を端面の位置でφ30の内周面に当てて、横送りハンドルのマイクロメータカラーを0にリセットします。テーパの端面部の径はφ35ですから、削り代は5mm、切込み量は2.5mmです。

テーパの当たりをとるために、端面部の径φ28程度になるまで、テーパ削りをします。ハイスの穴ぐりバイトでは1回0.5mmの切込みで3回削ります。

この段階でテーパのすり合わせを行います。光明丹*を部品①のテーパ部（軸の対称の位置）に幅10mm程度、塗布します。光明丹は極力薄く塗布することがコツです。

197ページの上の写真に示すように、部品②の油や切りくずなどを取り除いたテーパ穴に部品①を入れて、テーパを合わせて部品①を90°程度回します。部品①を外して、テーパ部の光明丹の薄い塗布面が残っているかどうか、当たりを見ます。光明丹の塗布面がなくなり、テーパの切削面が出ているところを黒当たりといいます。テーパのすり合わせでは、80%以上黒当たりになるまで、刃物台の旋回台を微細に回転させてテーパ削りを繰り返します。

旋回台を例えば0.05°というように微細に回転させるには、旋回台固定ナットを半締めの状態にしておき、198ページの上の写真に示すように、左手の親指を旋回台と横送り台に押し当てた状態で、木ハンマで回転させたい方向に刃物台の端を軽くたたきます。目には見えないわずかな動きも、センサである親指は感知します。

テーパの当たりが80%以上になれば、テーパのすり合わせは完了し、次に部品①と部品②を組み合わせて、課題の組立図の15±0.05になるようにテーパ削りをします。例として、測定値が20.00の場合、テーパ軸を5.00進めるためには、テーパ穴の仕上げ代は1.00mm、切込み量0.5mmです。ぴったり15±0.05になるまで、測定しながら仕上げます。

＊光明丹　光明丹は鉛丹、赤色酸化鉛とも呼ばれる鉛の酸化物で、朱色の顔料として知られる。防錆（ぼうせい）塗料の顔料も光明丹である。機械加工のすり合わせでは、光明丹の粉末を油で練り合わせて使う。

部品②のテーパ穴の加工

テーパ穴の
穴ぐりは
手送りで行う。

テーパ軸に光明丹を塗布

光明丹は薄く、
軸の対称の位置に
塗布する。

光明丹

テーパのすり合わせ

光明丹を塗布したテーパ軸をテーパ穴に入れ、少し回転させて当たりを見る。

テーパの当たりを見る

すり合わせ部

黒当たり

光明丹がない部分が黒当たりで、この場合の当たりは30%。

刃物台旋回台の角度の設定方法

左手の親指は、旋回台の微細な動きを感知するセンサ。

テーパの当たりの確認

黒当たり100%

テーパのすり合わせ部のすべてが黒当たりで、当たり100%。

7

旋盤加工の治具

治具（じぐ）は、英語の「jig」に由来する言葉です。機械加工においては、切削工具の位置決めと案内をしたり、工作物を締め付けて固定し、位置決めをするために使用する工具です。

治具は、その作業に合わせて作業者自身が自作して使うものです。旋盤作業においては、通常のチャック作業ではつかむことのできない工作物を締め付けて固定したり、一定の位置に固定するために治具が使われます。本章では、旋盤作業に便利な治具を紹介します。

生づめの取り付け

スクロールチャックのつめは、外づめと内づめがあります。これらは**硬づめ**と呼びます。これに対して、工作物の形状に合わせて成形して使用するつめは**生づめ**と呼びます。

生づめ

生づめは、機械構造用炭素鋼のS45C程度の鋼材が使われ、焼き入れがされていないので、バイトで加工できます。

生づめは、工作物に合わせてつくるものなので、治具の一種といえます。工作物と接触するつめの面が広いので、工作物を傷付けることなく取り付けられます。また、成形して使うために、同軸度の高い、振れのない加工ができます。

生づめは、工作物と同じ外径の丸棒をつめの奥にくわえさせて、穴ぐりバイトで補正削りをします。

生づめ

つめの部分を
工作物に
合わせて成形する
治具の一種。

生づめの補正削り

補正削りの際は、工作物の外径に合わせた丸棒をつめの奥につかませる。

生づめを用いた工作物の取り付け

工作物を傷付けることなく取り付けられる。

7

旋盤加工の治具

7-2 コレットの加工手順

コレットは、コレットチャックの略称です。切削工具（エンドミルなど）や工作物の形状に合わせて穴をあけた筒（コレット）に放射状に切込みを入れて、切削工具や工作物を差し込み、外部からコレットを締め付けて固定する治具です。

コレットとは

コレットは、ローレット切りしたものやねじの部分など、チャックのつめで直接つかむと傷が付いてしまう場合などに使用します。仕上げ面につめで傷が付くことを防ぐ場合にも使います。

コレット

切削工具
（エンドミルなど）や
工作物を固定する
治具。

コレットを用いたチャック作業の例

ローレット切りした
工作物をつかむ。

コレットの製作

旋盤作業では、なにかと重宝なコレットです。コレットの図（次ページ）を参考に、コレットを自作してみましょう。

コレットの材料としては、鋳鉄の丸棒（**デンスバー**と呼びます）のFC200を使います。鋳鉄は、鋼に比べて剛性が極めて高いので、コレットの開きの復元力にこの剛性を活かしています。逆にコレットの内径よりも工作物の外径が小さすぎるとコレットは割れてしまいます。コレット内径と工作物外径の適切な寸法差は0.01〜0.05mm程度です。

コレットの内径は、10mm以下の場合は1mmごとに、それ以上では2mmごとに製作しておくとよいです。それ以外にも、特殊な径でよく使うものは、その径に合わせて製作しておくとよいでしょう。例えば、M10のボルトのねじ部をつかむコレットの内径は9.8mm程度です。

7

旋盤加工の治具

名工からのアドバイス

治具

名工は、よい段取りができるように、使う工具を工夫します。最終的に製品として仕上げるには、チャックのつめによる、つかみ傷などが残らないようにしなければなりません。そのために、やとい（本文212ページ）などの治具をつくります。

コレットの設計図（例）

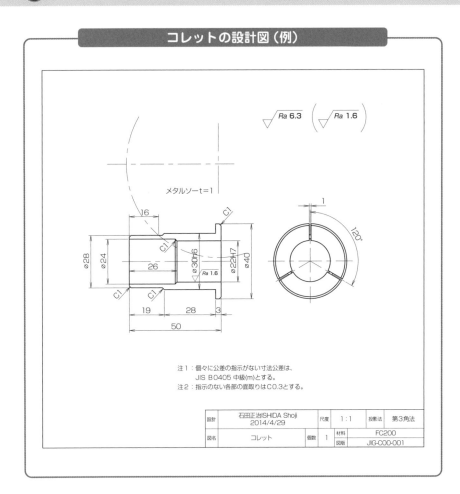

$\sqrt{Ra\ 6.3}$　$\left(\sqrt{Ra\ 1.6}\right)$

メタルソーt=1

16
C1
C1
ø28
ø24
26
ø30n6
$\sqrt{Ra\ 1.6}$
ø22H7
ø40
C1
C1
C1
19
28
3
50

1
120°

注1：個々に公差の指示がない寸法公差は、
　　　JIS B0405 中級(m)とする。
注2：指示のない各部の面取りはC0.3とする。

設計	石田正治ISHIDA Shoji 2014/4/29		尺度	1：1	投影法	第3角法
図名	コレット	個数 1	材料		FC200	
			図版		JIG-C00-001	

⚙ 加工手順

　主な加工手順を次に示します。コレットを複数製作するのであれば、2個取りにするとよいでしょう。次ページからの加工手順の図は、2個取りの場合です。

　材料は、鋳鉄FC200のデンスバーです。直径は40mm、長さは、突切り代を見込み、107mmに切断した材料を使います。

　加工手順❶～❺（本文205～206ページ）までは、第5章の技能検定課題の手順（本文140～141ページ）と同じです。

　加工手順❻❼（本文206ページ）で、φ24のドリルで穴あけします。この穴あけで残った部分は、コレットのスプリング機能（復元力）を発揮する箇所になりますの

で、肉厚が2mmとなるように設計されています。

加工手順❽（本文207ページ）で、突切りバイトで切り落とします。

最後に工作物をつかむ穴を仕上げますが、コレットの外周と穴が高い同軸度であることが必要です。生づめ（本文200ページ）などを使用すると精度の高いコレットができあがります。穴の径は工作物に合わせますが、あらかじめ各種の内径のものを準備しておくとよいです。

メタルソーによる3つのスリ割りは、フライス盤で加工します。

コレット（2個取り）の加工手順その1

❶

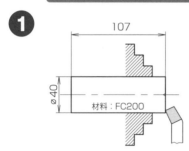

107

φ40

材料：FC200

・材料を準備（FC200）
・面削り（横剣バイト）
　主軸回転数 550min⁻¹
　手送り
・心立て（センタ穴あけ）
　主軸回転数 550min⁻¹
　手送り

❷

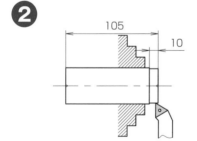

105

10

・面削り（横剣バイト）
　全長105mmに仕上げ

・心立て
　主軸回転数 550min⁻¹

・外丸削り
　（超硬片刃バイト）
　主軸回転数 1020min⁻¹
　縦送り 0.25mm/rev

❸

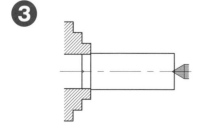

・反転してチャッキング
・回転センタ支持

コレット（2個取り）の加工手順その2

❹

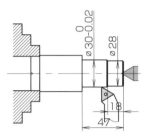

・外丸削り（超硬片刃バイト）
　主軸回転数 1020min⁻¹
　縦送り 0.25mm/rev

　仕上げ
　縦送り 0.1mm/rev

・面取り（横剣バイト）
　主軸回転数 550min⁻¹

❺

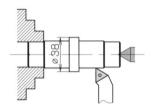

・反転してチャッキング
・手順❹と同じ加工

❻

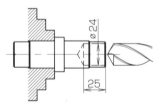

・φ24のドリルで穴あけ
　主軸回転数155min⁻¹
　手送り

❼

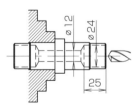

・反転してチャッキング
・φ24のドリルで穴あけ、
　φ12のドリルで貫通穴あけ

　主軸回転数155min⁻¹
　手送り

コレット（2個取り）の加工手順その3

8

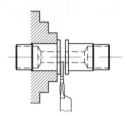

・突切り（切断）
　（突切りバイト）
　主軸回転数83min^{-1}
　手送り

9

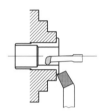

・穴ぐり、仕上げ
　（穴ぐりバイト）
　主軸回転数83min^{-1}

　仕上げ
　縦送り0.1mm/rev
・面取り
　（横剣バイト）
　主軸回転数550min^{-1}

10

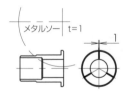

・フライス盤加工
・万能割出し台を使用、
　幅1mmのスリ割り

7

旋盤加工の治具

7-3 正直台による作業

正直台（しょうじきだい）は、スクロールチャックに取り付けて使う治具です。
幅の狭い工作物を、端面の振れがないように取り付けることができます。

正直台とは

工作物のつめから出す部分を一定にできるので、多数の同じ厚み（幅）の円板状の
工作物を加工する場合に便利な治具です。

正直台の材料は、コレットと同じ鋳鉄の角棒FC200を使います。正直台はすべて
フライス盤で加工します。

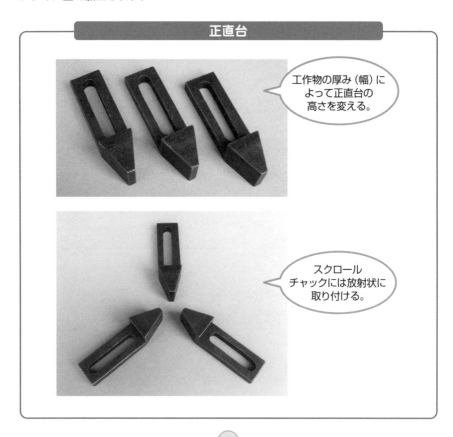

正直台

工作物の厚み（幅）に
よって正直台の
高さを変える。

スクロール
チャックには放射状に
取り付ける。

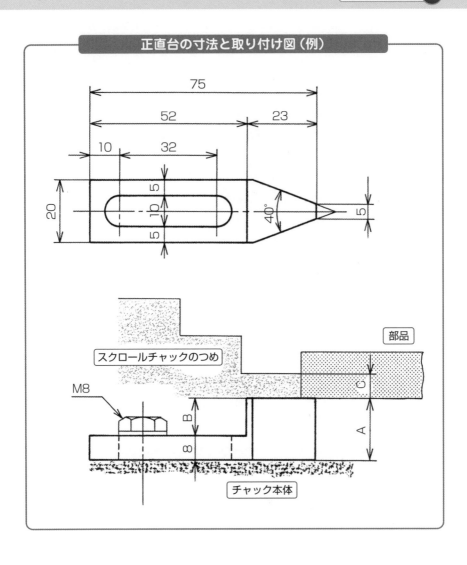

正直台の寸法と取り付け図（例）

スクロールチャックのつめ

部品

M8

チャック本体

正直台をチャックに取り付ける

幅の狭い工作物を
端面の振れがないように
取り付けられる。

正直台による作業

　正直台は、上の写真に示すように、スクロールチャックのつめとつめの間に放射状
に取り付けます。市販のスクロールチャックには、正直台を取り付けるねじ穴があり
ません。チャック本体のつめとつめの中間位置にM8のめねじを立てておきます。こ
のとき、穴を深くあけすぎて、チャックのスクロールを傷付けないように注意します。

正直台による作業

工作物の端面を
正直台に密着させて、
チャックのつめで
締める。

　チャックにつかませる工作物の厚みと、つめからの突き出し幅によって、正直台の高さが決まります。いろいろな高さ（1mmごと）の正直台をつくっておくとよいでしょう。

　工作物の端面を正直台に密着させて、チャックのつめで締めます。正直台を使うことによって、定寸の幅の加工ができます。同じものの端面や穴を多数加工するときの、心出しに便利な治具が正直台です。

COLUMN 旋盤の名機・LS形実用高速旋盤（旋盤の歴史5）

　1958年、大隈鐵工所（現オークマ株式会社）は、新型の普通旋盤を開発、LS形旋盤と名付けて発売しました。主軸は直径100mm、軸受には高速回転に耐える精密転がり軸受を採用し、3点支持として高い剛性を実現したことで、高速切削、強力切削ができるようになりました。メートル系とインチ系のねじ切りの切り替えをレバー操作とし、歯車交換もワンタッチでできるなど、操作性がよい旋盤となりました。世界40カ国で約3万台の販売実績を誇る普通旋盤の名機です。

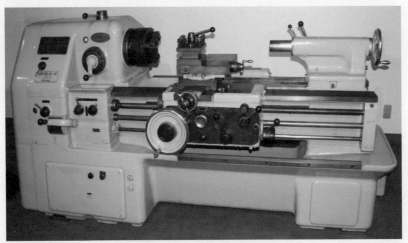

▲株式会社オークマのLS旋盤

7-4 やといの活用

やといは「雇い」に由来する言葉です。旋盤作業に使う治具としてのやといは、チャックではつかむことのできないような工作物を取り付けるために使われます。

開きやとい

やといは、作業者が工作物の形とその加工内容に合わせて工夫します。前に紹介したコレットも、工作物を締め付けてチャックに固定しますのでやといの一種です。

第5章で紹介した旋盤技能検定の実技課題の作品を活かして、これを開きやといとして活用してみましょう。開きやといは、コレットとは反対に穴のあいた工作物を内側から開いて把握する治具です。図に示すテーパリングをつくります。材料は、鋳鉄の丸棒FC200を使います。

テーパリングの設計図

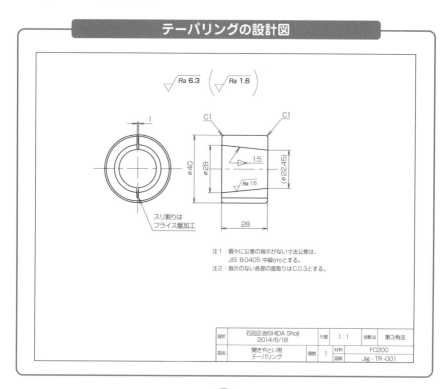

注1：個々に公差の指示がない寸法公差は、
　　　JIS B0405 中級(m)とする。
注2：指示のない各部の面取りはC0.3とする。

設計	石田正治ISHIDA Shoji 2014/6/18		尺度	1：1	投影法	第3角法
図名	開きやとい用 テーパリング	個数	1	材料	FC200	
				図版	Jig - TR -001	

テーパリングの外径は、工作物の内径に合わせ、そのはめ合いは、すきまばめとなるように、外径を仕上げます。

次に工作物をチャックに取り付けたままで、穴のテーパを仕上げます。テーパ部は、実技課題作品をテーパプラグゲージとして、テーパの当たりを測定します。当たりが80%以上になるように、刃物台の旋回台を調整して仕上げます。

テーパリングのスリ割りは、フライス盤のメタルソーで加工します。

テーパリング

スリ割りした
テーパリング。フライス
盤のメタルソーで
加工する。

テーパ部は、
第5章で製作した作品を
テーパプラグゲージとして、
テーパの当たりを測定する。
テーパ合わせには、
光明丹を塗布する。

7

旋盤加工の治具

開きやといの組立図

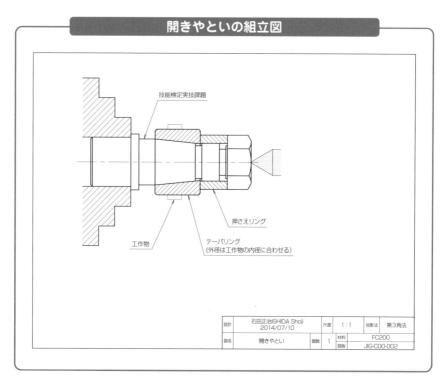

技能検定実技課題

押さえリング

テーパリング
(外径は工作物の内径に合わせる)

工作物

設計	石田正治ISHIDA Shoji 2014/07/10		尺度	1:1	投影法	第3角法
器名	開きやとい	個数	1	材料		FC200
				図版		JIG-C00-002

開きやといの部品

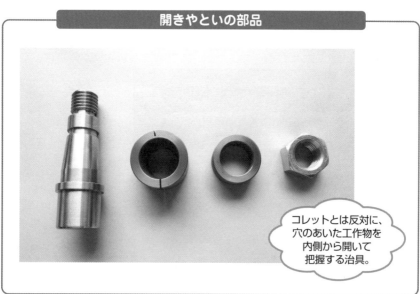

コレットとは反対に、
穴のあいた工作物を
内側から開いて
把握する治具。

開きやといの使用例

作業者が工作物の
形とその加工内容に
合わせて工夫する。

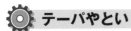 **テーパやとい**

旋盤加工の応用例として、ステンレス鋼（種類はSUS303、SUS304など）を材料にして、甲丸形指輪をつくってみましょう。指輪のようなつかみどころのない形状のものでも、やといを工夫することによって、チャックに取り付けることができます。

指輪のように幅の狭い、リング形状の工作物を把握するためには、本文217ページの図に示すテーパやといを使います。

やといのテーパ部の加工は、刃物台を旋回させてもよいですが、刃幅の広いヘール仕上げバイトがあれば、刃を約1度傾けてテーパにすればよいでしょう。

図は、甲丸形指輪のサイズが16号のものを例として示してあります。指輪の内径に合わせたテーパに削ります。

このようなやといは使い捨てですので、チャックから取り外したものを再利用する場合は、生づめと同様に補正削りをしてから使います。

 **名工からのアドバイス**

かまぼこ

指輪の総形バイトは、すくい面がかまぼこ形に研いであります。総形バイトやねじ切りバイトは、正確な形に削れなくてはなりません。すくい角が0度であれば、切れ刃の形になりますが、これにすくい角を付けようとするとかまぼこ形になるのです。

旋盤でつくった指輪

旋盤でつくった
ステンレス製の甲丸
形の指輪。

指輪の加工

総形バイトで
削り出して
切り落とす。

指輪の旋削用の総形バイト

指輪の形状に
合わせて、総形バイト
をつくる。

テーパやといの設計図（例）

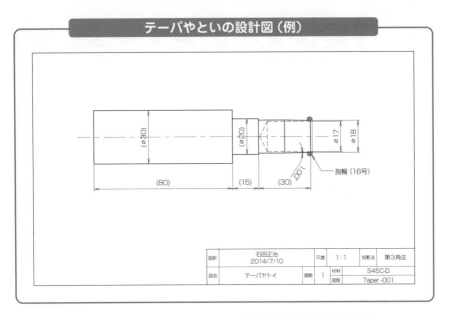

| ∅30 | ∅20 | ∅17 | ∅18 |

(80) (15) (30)

100°

指輪（16号）

設計	石田正治 2014/7/10		尺度	1：1	投影法	第3角法
図名	テーパヤトイ	個数	1	材料		S45C-D
				図版		Taper -001

指輪の端面加工用のテーパやとい

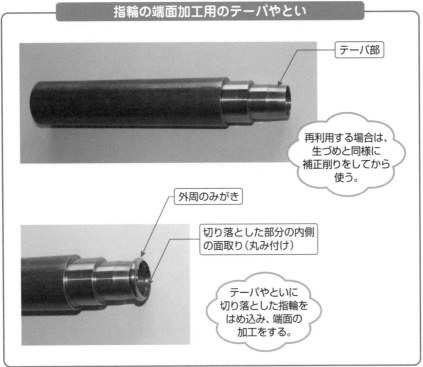

テーパ部

再利用する場合は、生づめと同様に補正削りをしてから使う。

外周のみがき

切り落とした部分の内側の面取り（丸み付け）

テーパやといに切り落とした指輪をはめ込み、端面の加工をする。

7-5 ダイスホルダをつくる

　旋盤では、M10以下の小径のおねじ切りは、径が小さいので難しい作業になります。特に精度を要求されないねじであれば、手仕上げで使われるねじ切りダイスを使うと容易にねじ切りができます。

⚙️ ダイスホルダ

　旋盤でねじ切りダイスを用いてねじを切るには、本文70ページで紹介した方法でもよいのですが、ここでは心押台に取り付けて使う、下図の**ダイスホルダ**をつくってみましょう。エンドミル加工やねじ立てがありますが、そのほかはすべて旋盤加工です。これまでに学んだ旋盤加工の技を活かして、つくってみましょう。

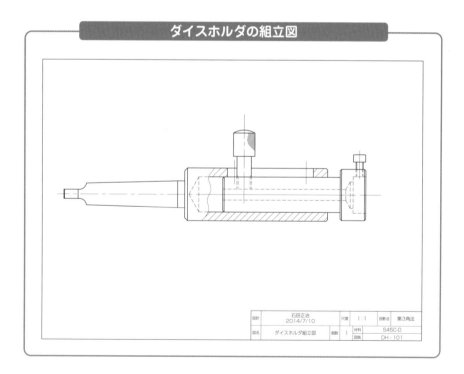

ダイスホルダの組立図

設計	石田正治 2014/7/10		尺度	1：1	投影法	第3角法
図名	ダイスホルダ組立図	個数	1	材料	S45C-D	
				図番	DH - 101	

ダイスホルダのシャンク

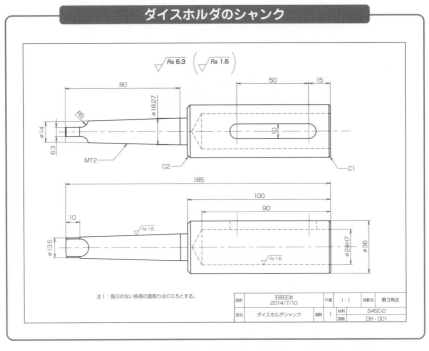

注1：指示のない各部の面取りはC0.5とする。

設計	石田正治 2014/7/10		尺度	1：1	投影法	第3角法
図名	ダイスホルダシャンク	個数	1	材料	S45C-D	
				図番	DH - 001	

ダイスホルダとつまみ

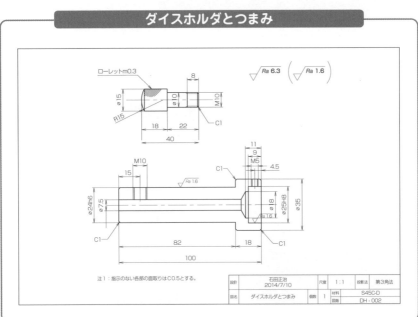

注1：指示のない各部の面取りはC0.5とする。

設計	石田正治 2014/7/10		尺度	1：1	投影法	第3角法
図名	ダイスホルダとつまみ	個数	1	材料	S45C-D	
				図番	DH - 002	

ダイスホルダ（1）

組み立てられた
ダイスホルダ。

ダイスホルダ（2）

ダイスホルダに
ダイスを装着する。

ダイスホルダによるねじ切り

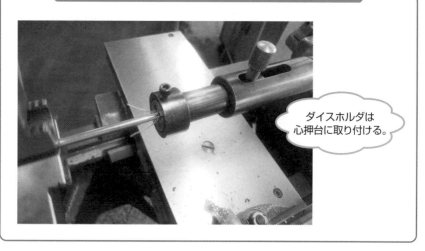

ダイスホルダは
心押台に取り付ける。

8

バイトと
ドリルの研削

　旋盤のような切削加工を行う機械では、切削
工具の管理が重要です。刃先が摩耗したり欠け
たバイトでは、精度のよい加工はできません。測
定器とともに切削工具の管理がきちんとできて
いることが、よい仕事ができる条件です。

　本章では、うまく削れなくなったバイトやドリ
ルを研ぎ直してみましょう。工具研削も旋盤工
の大切な仕事です。自ら使う切削工具を自ら研
ぎ直すことができれば、一人前の旋盤工といえ
るでしょう。

8-1 バイトの研削の基本

　バイトの刃先の材質は、高速度工具鋼と超硬合金が主です。超硬合金のバイトでは、スローアウェイバイトの普及により、超硬付刃バイトは使われなくなりました。ここでは、高速度鋼付刃バイトおよびドリルの研ぎ方について紹介します。

⚙ 高速度鋼付刃バイトの研削

　高速度鋼付刃バイトの研削には、両頭グラインダを使用します。工具研削用の両頭グラインダには、片方に砥粒が白色アルミナ質のWA砥石車、もう一方に砥粒が緑色炭化ケイ素系のGC砥石車が付けられています。

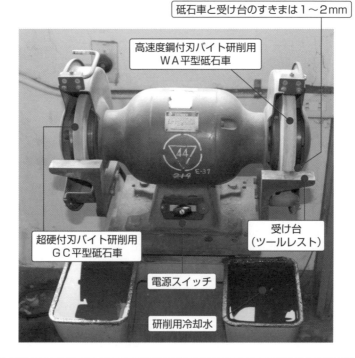

両頭グラインダ

砥石車と受け台のすきまは1〜2mm

高速度鋼付刃バイト研削用
WA平型砥石車

超硬付刃バイト研削用
GC平型砥石車

受け台
（ツールレスト）

電源スイッチ

研削用冷却水

高速度鋼付刃バイト用としてはWA砥石車を使用し、GC砥石車は超硬合金のバイトの研削に使用します。

両頭グラインダのほかに、工具研削専用の工具研削盤やドリル研削盤がありますが、ここでは、両頭グラインダによる手研ぎの方法について述べます。

ツルーイングとドレッシング

砥石は刃物の一種で、砥粒という細かな刃物の集合体です。刃物ですから、使っているとその形が崩れ、目詰まりして切れなくなります。目詰まりしたり形の崩れた砥石を直す作業がツルーイングとドレッシングです。

ツルーイング（形直し）とは、取り付けられた砥石の使用面の振れを取り除いたり、加工物の形状に合わせて所定の形状に仕上げる作業です。また、**ドレッシング（目直し）**とは、ツルーイング後に砥粒の突き出し量を調整したり、鈍化した砥粒の切れ刃を創生する作業です。

ハンチントンドレッサやダイヤブロックなどを用いて、バイトを研ぐ前に、ツルーイングとドレッシングをしておきます。

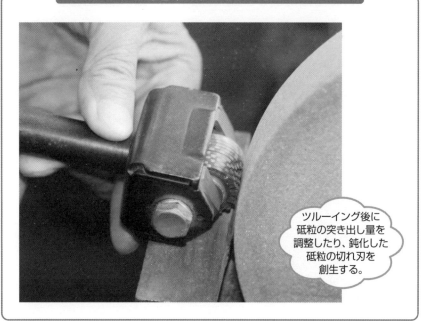

砥石車のドレッシング

ツルーイング後に砥粒の突き出し量を調整したり、鈍化した砥粒の切れ刃を創生する。

8

バイトとドリルの研削

ハンチントンドレッサ

バイトを研ぐ前に、ツルーイングとドレッシングをしておく。

ダイヤブロックによるドレッシング

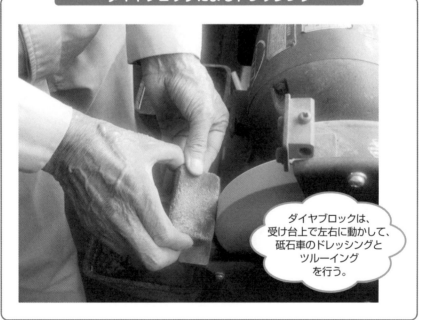

ダイヤブロックは、受け台上で左右に動かして、砥石車のドレッシングとツルーイングを行う。

8-2 横剣バイトの研削

バイトの研削では、工作物の材質や切削条件により、すくい角や逃げ角などを変えて研ぎます。ここでは、炭素鋼、快削鋼の工作物を対象にした横剣バイトの研ぎ方について述べます。

横剣バイトの研削手順

横剣バイトは、切れ刃と３カ所の逃げ面とすくい面で構成されています。バイトに限らず、刃物を研ぐ手順は決まっています。切れ刃が立つように、研ぎ上げていくのが基本です。

❶横剣バイトの研削では、はじめにすくい面を研削します。すくい面で、どの程度のすくい角を付けるのがよいのか、加工する工作物の材質を見て決めます。すくい角には、**垂直すくい角**と**平行すくい角**、**バックすくい角**（バックレーキ）がありますが、研削では垂直すくい角と平行すくい角を考えて研げばよいでしょう。

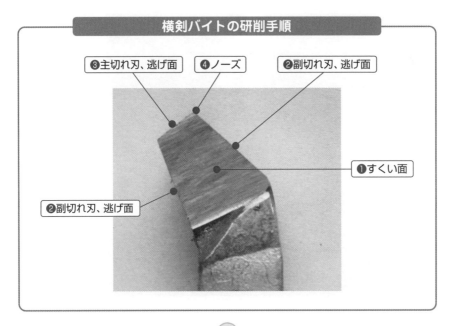

横剣バイトの研削手順

❸主切れ刃、逃げ面　❹ノーズ　❷副切れ刃、逃げ面　❶すくい面　❷副切れ刃、逃げ面

　横剣バイトは、一般面削りと面取りに使われますから、垂直すくい角と平行すくい角は、15〜20度に研ぎます。銅やアルミニウム、快削鋼など、材質が軟らかくて粘りのある材料用には、すくい角を比較的大きくします。

❷副切れ刃の逃げ面を研いで、刃先をつくります。逃げ角を必要以上に大きくしないように注意します。5〜10度の逃げ角に研ぎます。

❸主切れ刃の逃げ面を研ぎ、刃先をつくります。副切れ刃の逃げ面の逃げ角は、穴の面取り用として、少し大きくとるとよいです。

　切れ刃角を変えることによって、用途に応じたバイトになります。「第2章　切削工具の種類と機能」の本文61ページで紹介したような形に研ぎ直しておくと、面削りや面取りなどに使える重宝なバイトになります。

❹刃先の角のノーズを研削して完成です。ノーズを小さくしたい場合は、**油砥石**（あぶらといし）で研いでもよいでしょう。

手順❶ すくい面を研ぐ

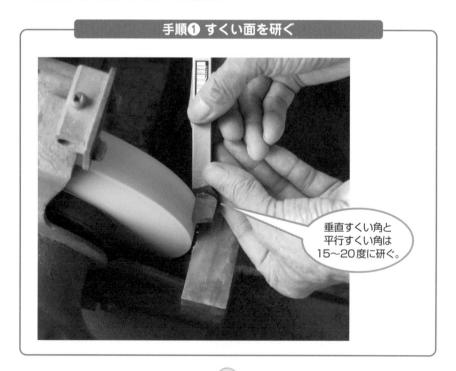

垂直すくい角と
平行すくい角は
15〜20度に研ぐ。

すくい面を研ぐ

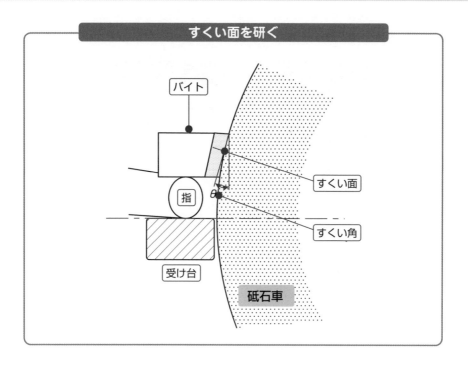

バイト

すくい面

すくい角

θ

指

受け台

砥石車

COLUMN 刃物の切れ味

機械加工に限らず、私たちは日常生活の中で、多種多様な刃物を用いています。台所で使う刃物には、各種の包丁をはじめ、料理ばさみ、皮むき器、変わったものではうずらの生卵をカットする専用のはさみがあります。

刃物でよくいわれるのは、その切れ味です。包丁の切れ味が悪くては、まぐろの切り身をさばいても舌触りのよい刺身にはなりません。刃物の切れ味とは、よく切れる刃に研がれているかどうかということですが、単によく切れるだけでは、真に切れ味のよい刃物とはいえません。

旋盤のバイトも同じであり、旋盤工はその切れ味を大切にしています。

単によく切れるバイトにするのであれば、すくい角を大きくして鋭利な刃先にすればよいのですが、これではすぐに切れなくなってしまいます。刃物台から取り外して再研削するのは大変な手間が必要で、段取りの悪い仕事になってしまいます。

真に切れ味のよいバイトの条件は、よく削れて、かつ長持ちする刃先であることです。1回の研ぎ直しで、どれくらい長時間、連続して旋削できるのか──。長持ちすればするほど、よい切れ味のバイトだといえます。

8

バイトとドリルの研削

手順❷ 副切れ刃を研ぐ

副切れ刃の逃げ面を
研いで、刃先をつくる。
逃げ角を必要以上に大きく
しないように注意する。

手順❸ 主切れ刃を研ぐ

主切れ刃の
逃げ面を研ぎ、
刃先をつくる。

手順❹ ノーズの研削

刃先の角の
ノーズを研削して
完成。

　グラインダでの研削を終えたバイトは、刃物台に取り付けて、油砥石で刃先の部分を整形します。

油砥石による刃先の整形

ノーズを
小さくしたい場合は、
油砥石で刃先の部分
を整形する。

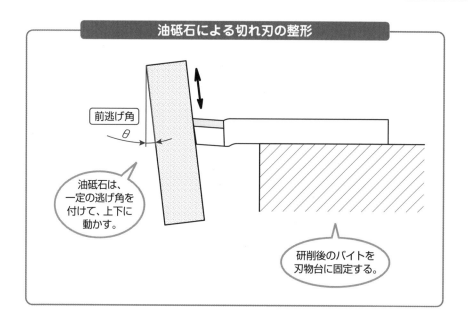

油砥石による切れ刃の整形

前逃げ角 θ

油砥石は、一定の逃げ角を付けて、上下に動かす。

研削後のバイトを刃物台に固定する。

COLUMN オイルストーンとアーカンサス砥石

オイルストーンは日本語で**油砥石**（あぶらといし）です。砥石に灯油や研削油などの油を染み込ませて使用することから、「油砥石」と呼ぶようになりました。

油砥石はアランダム砥粒からなり、砥粒の大きさ（粒度）の分布範囲が広く、砥石強度があり、形崩れが起きにくいという特徴があります。バイトの研削では、最後の仕上げに使うのがこの油砥石です。

グラインダでの研削後に、油砥石を当てるとより滑らかな仕上げ面が得られ、刃持ち（切れ刃の寿命）がよくなります。

アーカンサス砥石は、高級油砥石として知られ、米国アーカンソー州で産出される天然の油砥石です。すでに原石は枯渇状態といわれ、市場価格は高騰しています。このアーカンサス砥石で整形したバイトの切れ刃による旋削では、一段上の切れ味と仕上げ面が得られます。

8-3 突切りバイト、溝入れバイトの研削

突切り（つっきり）バイトと溝入れ（みぞいれ）バイトは、同じ形状なので、同じ手順で研ぎます。

突切りバイト、溝入れバイトの研削

横剣バイトと同様に、はじめにすくい面を研ぎます。すくい面のすくい角については、横剣バイトと同様に、銅やアルミニウム、快削鋼など材質が軟らかく粘りのある材料用には、比較的すくい角を大きくします。

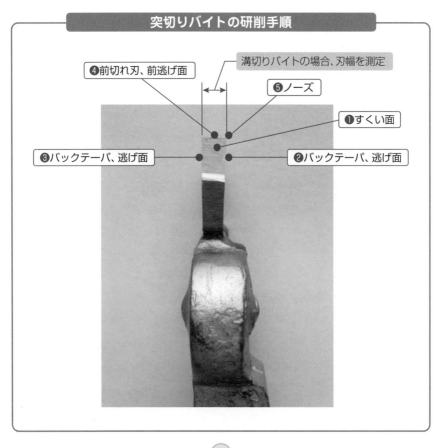

突切りバイトの研削手順

④前切れ刃、前逃げ面

溝切りバイトの場合、刃幅を測定

⑤ノーズ

①すくい面

③バックテーパ、逃げ面

②バックテーパ、逃げ面

　突切りバイトと溝切りバイトのすくい面については、鋼やアルミニウムなど流れ形切り粉が出る材料用には、下図や次ページの上の写真のように、すくい面を緩やかな円弧状になるように研ぎます。円弧状にするには、砥石の角の丸みを利用して、図に示すように円弧になるようにバイトを動かして研ぎます。

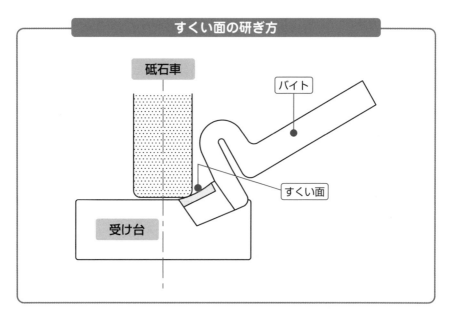

すくい面の研ぎ方

砥石車

バイト

すくい面

受け台

突切りバイト、溝切りバイトの研削手順

　突切りバイト、溝切りバイトの研削手順を以下に示します。

❶すくい面を研ぎます。

❷バックテーパ、逃げ面を研ぎます。

❸もう片方のバックテーパ、逃げ面を研ぎます。

❹前切れ刃、前逃げ面を研ぎます。すくい角の調整ですくい面を再研削したときは、前切れ刃を再度研ぎます。

❺必要に応じて刃先のノーズを研ぎます。

❻油砥石で切れ刃を整形します。

手順❶ すくい面を研ぐ

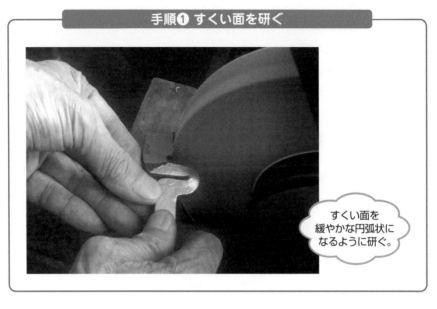

> すくい面を
> 緩やかな円弧状に
> なるように研ぐ。

突切りバイトと溝入れバイトでは、切削抵抗を減らすため、バックテーパを付けるように逃げ面を研ぎます。バックテーパを大きくしすぎると、刃先の付け根の部分に負荷がかかるので注意しましょう。

手順❷ バックテーパ部を研ぐ

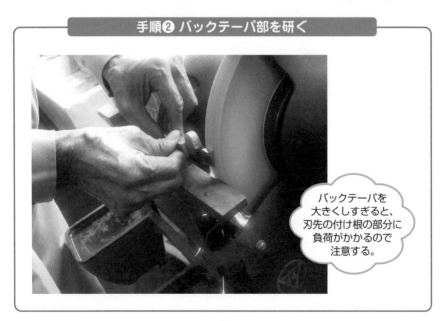

> バックテーパを
> 大きくしすぎると、
> 刃先の付け根の部分に
> 負荷がかかるので
> 注意する。

8

バイトとドリルの研削

　溝入れバイトの場合は、溝の幅に合わせて刃先を研ぐため、ノギスなどで刃幅を測定しながら研いでいきます。

　前逃げ面を研ぎ、前切れ刃を研ぎます。このとき、前切れ刃が変わると、すくい角が変わるので注意します。すくい角を再度、研ぎ直したときは、もう一度、前切れ刃を研ぎます。刃先の切れ刃と両角のノーズは、油砥石で整形します。

手順❹ 前逃げ面、前切れ刃を研ぐ

前切れ刃が変わると、すくい角が変わるので注意する。すくい角を再度、研ぎ直したときは、もう一度、前切れ刃を研ぐ。

すくい面の研ぎ方

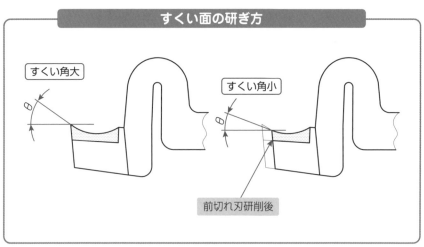

すくい角大

θ

すくい角小

θ

前切れ刃研削後

8-4 ねじ切りバイトの研削

ヘールねじ切りバイトやめねじ切りバイトの研削の際は、先端角を測定するためにセンタゲージを用意します。

おねじ切りバイトの研削手順

おねじ切りバイトの研削手順は次のようになります。

❶ 237ページの図に示すように、はじめにすくい面を緩やかな円弧状になるように研ぎます。あとで切れ刃を研ぐと、すくい角と先端角が変わるので注意します。

❷ 突切りバイトではバックテーパに相当する部分を研ぎます。ここは、切れ刃となる部分ではないので、バイトの形を整える程度です。

❸ 刃先の先端角60度にセンタゲージに合わせながら逃げ面と切れ刃を研ぎます。次ページの表に示すように、ねじ切りバイトでは、すくい角が大きくなると、研ぐバイトの刃先の角度は小さくなります。

すくい角10度で、刃先角度は約59.6度です。わずかですから、この程度であれば無視できますが、すくい角を20度以上にとるのであれば、刃先角度を少し小さく研ぎます。

❹ 刃先を研ぎ終えたあとに、刃先のノーズを研ぎます。ノーズ幅はピッチの約1／6です。最後に油砥石で切れ刃とノーズを整形します。

名工からのアドバイス

刃物を研ぐ

刃物が研げるのは名工の証です。両頭グラインダでバイトを研ぐとき、受け台に直接バイトを置いたのでは、うまく研げません。受け台は、バイトではなく手を受けるためのものです。

8

バイトとドリルの研削

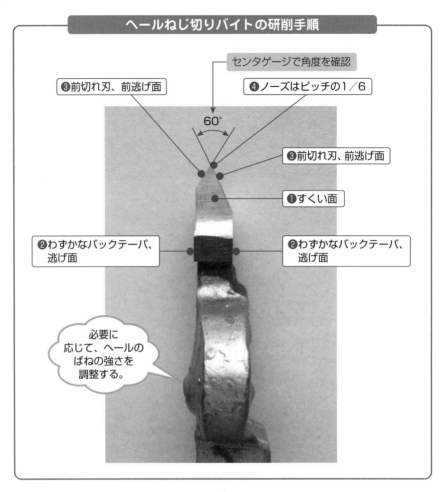

ヘールねじ切りバイトの研削手順

センタゲージで角度を確認

❸前切れ刃、前逃げ面

❹ノーズはピッチの1／6

60°

❸前切れ刃、前逃げ面

❶すくい面

❷わずかなバックテーパ、逃げ面

❷わずかなバックテーパ、逃げ面

必要に応じて、ヘールのばねの強さを調整する。

▼ねじ切りバイトの刃先角度

切れ刃のすくい角θ	研ぐべきバイトの角度α	被削材の材質
5°	59.90°	鋳鉄、青銅
8°	59.80°	
10°	59.62°	硬鋼、黄銅
12°	59.45°	
15°	59.02°	軟鋼
20°	58.43°	アルミニウム
30°	56.30°	

刃先角度

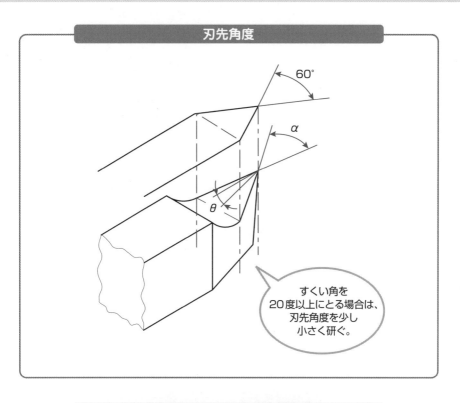

すくい角を
20度以上にとる場合は、
刃先角度を少し
小さく研ぐ。

手順❶ ねじ切りバイトのすくい面の研削

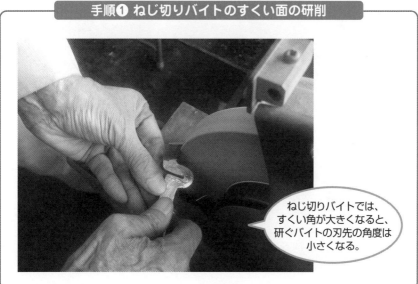

ねじ切りバイトでは、
すくい角が大きくなると、
研ぐバイトの刃先の角度は
小さくなる。

8

バイトとドリルの研削

手順❸ 切れ刃の研削

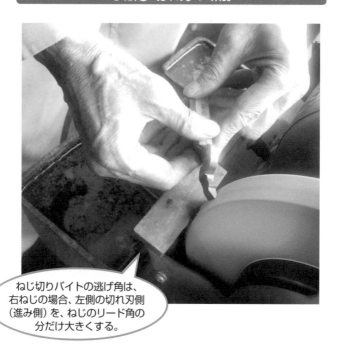

ねじ切りバイトの逃げ角は、右ねじの場合、左側の切れ刃側（進み側）を、ねじのリード角の分だけ大きくする。

刃先角度をセンタゲージで測定

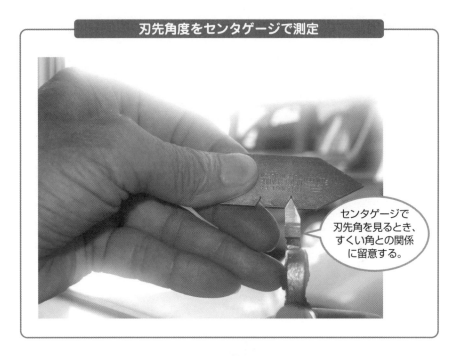

センタゲージで刃先角を見るとき、すくい角との関係に留意する。

手順❹ 刃先のノーズを研ぐ

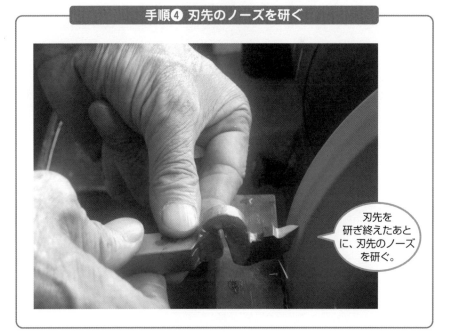

刃先を研ぎ終えたあとに、刃先のノーズを研ぐ。

めねじ切りバイトの研削

　めねじ切りバイトは、おねじ用のヘールねじ切りバイトと同じ手順で研ぎます。
シャンクが穴の内面に接触するようであれば、シャンクも削ります。

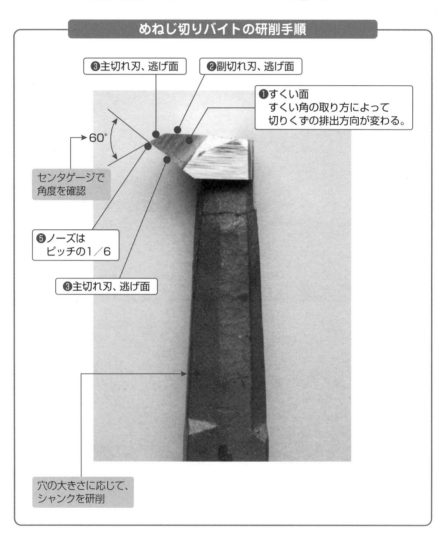

めねじ切りバイトの研削手順

❸主切れ刃、逃げ面

❷副切れ刃、逃げ面

❶すくい面
すくい角の取り方によって
切りくずの排出方向が変わる。

60°

センタゲージで
角度を確認

❺ノーズは
ピッチの1／6

❸主切れ刃、逃げ面

穴の大きさに応じて、
シャンクを研削

めねじ切りバイトの研削手順

めねじ切りバイトの研削手順を以下に示します。

❶すくい面を研ぎます。

❷副切れ刃と逃げ面を研ぎます。実際は、使うことのない切れ刃であるため、研がな
くても支障はありません。

❸主切れ刃と逃げ面を研ぎます。センタゲージで刃先角60度を確認しながら研ぎま
す。すくい角と刃先角の関係は、ヘールねじ切りバイトと同じです。

❹ノーズを付けます。

❺油砥石で切れ刃とノーズを整形します。

切れ刃の研削

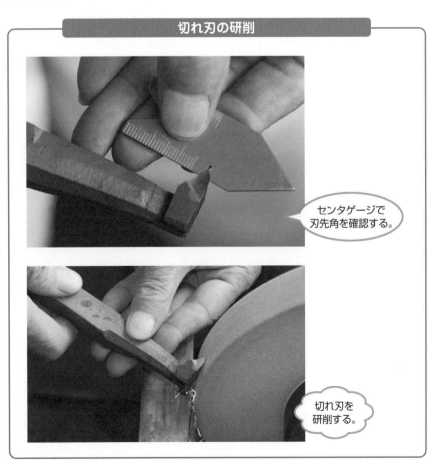

センタゲージで
刃先角を確認する。

切れ刃を
研削する。

8
バイトとドリルの研削

日本最初のねじ

　1606（慶長11）年、薩摩の大竜寺の和尚南浦玄昌によって書かれた『鉄砲記』によれば、鉄砲の伝来は1543（天文12）年とされています。種子島に漂着したポルトガル人が2挺（ちょう）の火縄銃を持参し、これを島主の種子島時堯（たねがしまときたか）が買い求めました。時堯は大金を投じて購入しただけではなく、銃のつくり方は刀鍛冶の八板

金兵衛に、火薬の製法は家臣の篠川小四郎に学ばせています。

　銃のつくり方で苦心したのは、それまで日本にはなかったねじです。ねじは、銃身の尾栓に使われていました。おねじは、鉄の丸棒に糸を螺旋に巻き付けて印を付けてやすりで削ればつくれます。しかし、めねじのつくり方は難問でした。

日本最初のねじ切り工具

　ポルトガル人伝来の火縄銃の尾栓ねじを種子島の刀鍛冶八板金兵衛はどのようにしてつくったのでしょうか。

　おねじはやすりで削り出す方法で比較的容易につくることができたにしても、めねじはどのようにしてつくられたのでしょうか。めねじのつくり方について、おねじをもとにして、これに銃身をかぶせて、鍛造でたたき出す方法と、現在のタップに相当する工具を使ってねじ切りする方法が想定されています。

　滋賀県長浜市国友町は、江戸幕府お抱えの鉄砲鍛冶の村でした。当時の鉄砲づくりに使われた様々な工具が、国友鉄砲

の里資料館に残されています。

　写真は、尾栓のめねじ切りに使われたねじ切り工具です。現在のタップに当たるものですが、これもどのように研いで使ったのでしょうか。また、銃身の穴はどのようにして仕上げたのでしょうか。旋盤やバイトなどの切削工具のない時代です。鉄砲鍛冶の卓越した技と苦労がしのばれます。

▼鉄砲尾栓のねじ切り工具

8-5 穴ぐりバイトの研削

穴ぐりバイトは、加工する穴が通し穴であるか、止まり穴や段付き穴であるかによって、刃先の形状が異なります。

穴ぐりバイトの研削

外丸削りの場合と同様に考えて、通し穴である場合は、真剣バイトのような刃先にします。止まり穴や段付き穴の場合は、片刃バイトのように刃先を研ぎます。

穴ぐりバイトにより深い穴を削る場合は、バイトのシャンクが穴に当たる場合があります。シャンクが穴に入るようにするのも、穴ぐりバイト研削の作業の１つです。

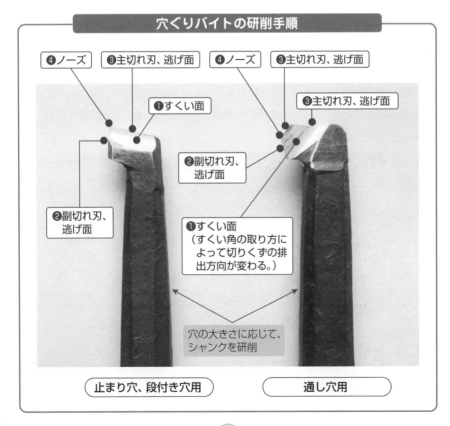

穴ぐりバイトの研削手順

- ❹ノーズ
- ❸主切れ刃、逃げ面
- ❹ノーズ
- ❸主切れ刃、逃げ面
- ❶すくい面
- ❸主切れ刃、逃げ面
- ❷副切れ刃、逃げ面
- ❷副切れ刃、逃げ面
- ❶すくい面（すくい角の取り方によって切りくずの排出方向が変わる。）
- 穴の大きさに応じて、シャンクを研削
- 止まり穴、段付き穴用
- 通し穴用

通し穴用の穴ぐりバイトの研削手順

　通し穴用の穴ぐりバイトの研削の手順は、横剣バイトの研ぎ方の手順と同じです。通し穴用穴ぐりバイトでは、下図に示すように、刃先は外丸削り用の真剣バイトのように研ぎます。通し穴用穴ぐりバイトの研削手順を以下に示します。

❶すくい面を研ぎます。
❷副切れ刃と逃げ面を研ぎます。
❸主切れ刃と逃げ面を研ぎます。
❹ノーズを付けます。
❺油砥石で、切れ刃とノーズを整形します。

　通し穴用穴ぐりバイトの場合、切りくずを工作物の穴からうまく排出できるように、すくい面が少し前後に傾くように研ぎます。前に傾けると、切りくずは穴の前方に出ます。後ろ（シャンク側）に傾けると手前に排出されます。深い穴の加工に用いるときは、このように研ぎます。

　逃げ角は、工作物の内径に合わせて、二番が当たらないように研ぎます。穴の内径が小さくなるほど、逃げ角を大きくします。また、バイトを刃物台に取り付けるときにも、二番が当たらないように、刃先の心高を少し高くなるように取り付けます。

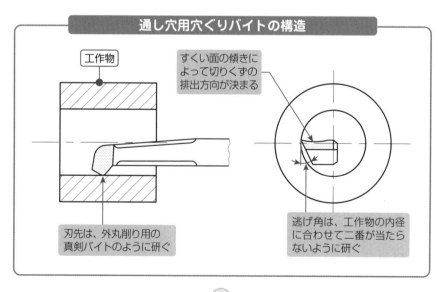

通し穴用穴ぐりバイトの構造

工作物

すくい面の傾きによって切りくずの排出方向が決まる

刃先は、外丸削り用の真剣バイトのように研ぐ

逃げ角は、工作物の内径に合わせて二番が当たらないように研ぐ

通し穴用の穴ぐりバイトの研削

切りくずが
工作物の穴から
うまく排出されるように、
すくい面を少し前後に
傾けて研ぐ。

❶すくい面を研ぐ

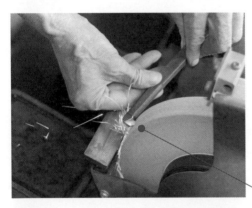

❷副切れ刃、逃げ面を研ぐ

❸主切れ刃、逃げ面を研ぐ

8

バイトとドリルの研削

止まり穴、段付き穴用の穴ぐりバイトの研削手順

　止まり穴、段付き穴用の穴ぐりバイトの研削の手順も、横剣バイトの研ぎ方の手順と同じです。止まり穴、段付き穴用の穴ぐりバイトでは、次ページの図に示すように、刃先は外丸削り用の片刃バイトのように研ぎます。

　止まり穴、段付き穴用穴ぐりバイトの研削手順を以下に示します。

❶すくい面を研ぎます。すくい角は、主切れ刃（前切れ刃）に対して付けます。
❷副切れ刃と逃げ面を研ぎます。
❸主切れ刃と逃げ面を研ぎます。
❹ノーズを付けます。
❺油砥石で、切れ刃とノーズを整形します。

　止まり穴、段付き穴用の穴ぐりバイトの研削では、主切れ刃角を1〜2度程度とし、すくい面を砥石車の角で円弧になるように研ぎます。すくい角、逃げ角は、ほかのバイトと同様に工作物の材質によって決めます。いずれにしても、主切れ刃を最後に研ぎます。

　副切れ刃の逃げ角は、通し穴用穴ぐりバイトと同様に、工作物の内径に合わせて、二番が当たらないように研ぎます。穴の内径が小さくなるほど、逃げ角を大きくします。また、バイトを刃物台に取り付けるときにも、二番が当たらないように、刃先の心高を少し高くなるように取り付けます。

技の第六感

名工ともなれば、無意識に第六感が働くようになります。技の第六感とは、予知できることです。
例えば、バイトが間もなく切れなくなることを事前に把握できるような力です。
いまの作業がどのように展開していくのか、意識して取り組むと第六感が身に付きます。

止まり穴、段付き穴用穴ぐりバイトの構造

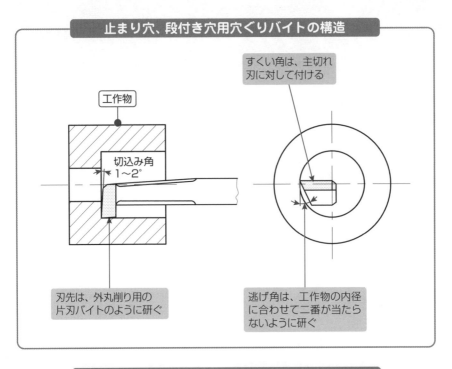

工作物

切込み角
1〜2°

すくい角は、主切れ
刃に対して付ける

刃先は、外丸削り用の
片刃バイトのように研ぐ

逃げ角は、工作物の内径
に合わせて二番が当たら
ないように研ぐ

止まり穴、段付き穴用の穴ぐりバイトの研削

❷副切れ刃、逃げ面の研削

❸主切れ刃、逃げ面の研削

8-6 ドリルの研削

ドリルの研削（けんさく）には、ドリル研削盤が使われます。両頭グラインダを使用して、手作業でドリルを研ぐ方法について述べます。

ドリルの研削

ドリルの研削は、ねじ切りバイトの研削（本文235ページ）とともに、熟練の技が必要とされる研削作業です。ドリルでは、バイトのすくい面に相当するものはねじれ溝です。ねじれ角が強いドリルは、バイトでいえばすくい角が大きく、逆にゆるやかなねじれのものはすくい角が小さいバイトに対応します。

また、ねじれ角は、先端のチゼルエッジから外周部にいくほど大きくなっています。逃げ角は逆に外周部にいくほど小さくなります。

ドリルの研削手順

ドリルの研削手順を以下に示します。

❶先端の切れ刃を研ぎます。
❷逃げ面を研ぎます。ドリルではすくい面を研ぐ必要はありません。

手研ぎによりドリルの逃げ面と切れ刃を研ぐ方法としては、円すい研削法と平面研削法があります。**円すい研削法**は、ドリルの逃げ面を円すいに研ぐ方法で、一般的なドリルの研ぎ方です。**平面研削法**は、小径のドリルに用いられる方法で、ドリルをある角度に傾けて砥石車に押し当て、逃げ面を平面に研ぐ方法です。

ドリルの先端角は、バイトの横切れ刃角に相当し、先端角の大小により、刃先に働く切削抵抗の値と方向が変わります。先端角が大きいとドリルの切れ刃にかかる垂直分力（スラスト）が大きく、先端角が小さいと水平分力（トルク）が大きくなります。この両分力が均等になる角度が標準の先端角118度です。ドリルの研削において先端角は、ドリル刃先ゲージあるいは角度定規を使用して、測定します。

❸所定の先端角（標準では118度）に研ぎ上げたドリルは、切削抵抗を軽減するためにシンニングを施します。

　ドリルの先端では、切れ刃は1点では交わらず、逃げ面と逃げ面により峰が形成されます。この峰の部分を**チゼルエッジ**と呼び、負のすくい角になります。

　シンニングとは、先端のチゼルエッジの幅を小さくすることです。シンニングを施すことによって、切削抵抗が低減し、ドリルの食い付き性と求心性が向上します。また、切りくずが排出されやすくなります。シンニングには、次ページの上の図のように様々な形がありますが、手研ぎでよく研がれるのは下の図に示すようなS形シンニングです。

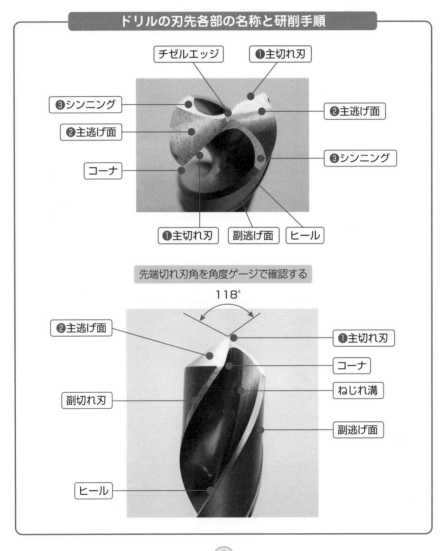

ドリルの刃先各部の名称と研削手順

チゼルエッジ　❶主切れ刃
❸シンニング　❷主逃げ面
❷主逃げ面　❸シンニング
コーナ
❶主切れ刃　副逃げ面　ヒール

先端切れ刃角を角度ゲージで確認する
118°
❷主逃げ面　❶主切れ刃
コーナ
副切れ刃　ねじれ溝
副逃げ面
ヒール

8
バイトとドリルの研削

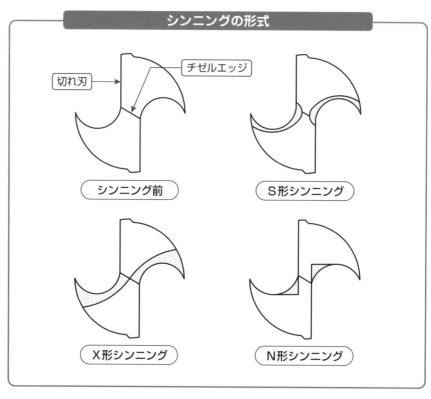

シンニングの形式

切れ刃 → チゼルエッジ

シンニング前

S形シンニング

X形シンニング

N形シンニング

ドリルの研削

両頭グラインダを
使用して、手作業で
ドリルを研ぐ。

研削後のドリル

ドリルは
刃先の切れ刃と
逃げ面を研ぐ。

ドリル刃先ゲージ

ドリルの
研削において、
先端角の測定には、
ドリル刃先ゲージ
が使用される。

ドリル刃先ゲージに合わせる

ゲージを明るいほうにかざして、ドリルの切れ刃とゲージとの接点にすきまがないかを見る。

ドリル刃先ゲージにより、先端角の研ぎ具合を確認する。

角度定規に刃先角を合わせる

ドリルの先端角を角度定規で測定するときは、主切れ刃と副切れ刃の角度を測定する。

先端角だけでなく、左右の切れ刃の長さが同じになっているかも確認する。

ドリルのシンニング

S形シンニング
を施したドリル。

ドリルの
S形シンニングは、
砥石車の角の丸み
により付ける。

8

バイトとドリルの研削

COLUMN 砥粒

砥粒（とりゅう）とは、高硬度の粒状または粉末状の物質の総称で、砥石（といし）の原料となるものです。バイトの研削に使う両頭グラインダの平型砥石は、砥粒を樹脂などの結合材で固めたものです。

砥粒としては、通称、**アルミナ**と呼ばれている酸化アルミニウムの粉末（**アランダム**という）やケイ素（シリコン）の炭化物が代表的です。

アルミナはWA（ホワイトアランダム）砥石、炭化ケイ素の砥粒は緑色でGC（グリーンカーボランダム）砥石として、バイトの研削に使われます。

「アランダム」「カーボランダム」は、それぞれ開発した会社の商品名でしたが、いまでは普通名詞になっています。

GC砥石は、砥粒が極めて硬いので、ガラスやセラミックの研削にも使われます。ダイヤモンドの微粉末も砥粒の仲間です。ダイヤモンドは、高温下で鉄やニッケルと反応するため、鉄系の刃物はダイヤモンド砥石では研げません。しかし、超硬合金チップの研削には、ダイヤモンド砥石が使われます。

▲炭化ケイ素（GC）砥石の砥粒

スターリングエンジン
部品の旋盤加工

　本章は、旋盤加工における段取りと加工手順
の組み方の応用編です。第5章で学んだ段取りと
加工手順の考え方を基本にして、教材用スター
リングエンジンの各部品の段取りと加工手順を
考えてみましょう。

　本章で紹介するスターリングエンジンは、シリ
ンダヘッド部を外部から加熱するだけで動く、外
燃機関の一種です。工業高校の機械実習用に設計
したエンジンですので、各部品はすべて学校にあ
る設備機械で加工できるものばかりです。

　すべて旋盤でできるわけではありませんが、旋
盤加工が中心になっていて作業の80%以上が旋
盤で加工できます。

9-1 スターリングエンジン

スターリングエンジン部品の多くは旋盤で加工します。「第5章　旋盤加工の段取りと手順」で学んだ考え方を基本に、エンジン部品を加工してみましょう。
　　ここでは、旋盤加工が中心となる主要な部品を取り上げて、製作上の留意点や加工手順*について紹介します。

スターリングエンジン*

エンジンは、部品と部品が組み合わさってできています。組立図を見て、どのように組み合わさっているのかをよく理解しましょう。その上で段取りと加工手順を考えます。参考として設計の要点についても紹介しておきます。

スターリングエンジン

完成した
スターリング
エンジン。

***加工手順**　全部品の加工手順やエンジンの組立・調整については、石田正治『スターリングエンジンの製作』（社）全国工業高等学校長協会、1991年を参照。

***スターリングエンジン**　本章の末尾に、スターリングエンジンの一部の部品図を付けました。この部品を加工していく過程で、旋盤工の様々な手法や技を会得していきます。全部品の段取りと加工手順を組み立てて、実際に旋盤作業ができるようになれば、一人前の旋盤工であり、機械工といえるでしょう。ここでは、コレットなどの自作の治具を使う場面が多くあります。はじめに段取りとして、工具や治具を準備しておきましょう。

本章で取り上げるスターリングエンジンは、(社)全国工業高等学校長協会発行の機関誌『工業教育』に1989年から1991年にかけて連載で紹介した「スターリングエンジンの製作」の教材としてのスターリングエンジン模型です。JISの製図総則が改訂になりましたので、図面は新JISに基づいて全面的に描き改めました。

COLUMN スターリングエンジンとは

スターリングエンジンは、オットーの内燃機関の発明よりも60年前、1816年にイギリス、スコットランドの牧師ロバート・スターリングによって発明された外燃機関です。弟のジェームズ・スターリングとともに改良を重ねて実用化されました。

このエンジンは、当時の蒸気機関のような、ボイラが爆発するといった危険性がなかったため、熱効率は大変悪いものでしたが1000台ほど製作されたようです。

外燃機関ですから、外からシリンダヘッド部を加熱します。シリンダ内の作動ガスは空気でした。当初は**熱空気機関（ホット・エア・エンジン）**と呼ばれました。その後、空気からヘリウムガスや水素ガスになり、「スターリングエンジン」と呼ばれるようになりました。

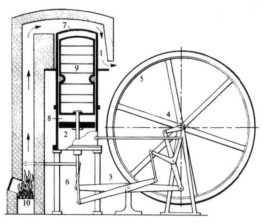

▲ 1816年のロバート・スターリングの特許用明細書に示されている最初の熱空気機関（G.Walker, *Stirling Engines*. 1980）

9

スターリングエンジン部品の旋盤加工

9-2 ディスプレーサシリンダ

ディスプレーサシリンダについて、設計の要点、段取りと加工の留意点、加工手順などを説明します。

設計の要点

ディスプレーサシリンダの設計（本文282ページ上の図）の要点は以下のとおりです。

- フィンは、高温部と低温部の温度差を保つためにあります。空冷ガソリンエンジンのフィンのようにシリンダを冷却するのではなく、断熱のためのフィンです。
  したがって、断熱フィンの間隔は3mmに設計されています。これが3.5mmや4mmの間隔になっても、断熱効果は変化しますが、模型エンジンとして大きな支障はありません。
- 加工精度が要求される部分は、スライディングシールがはまり合う下の図のA部と、シリンダヘッドがはまりあうB部です。

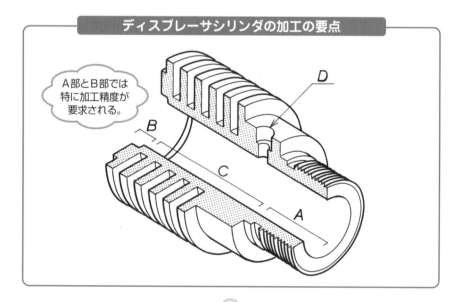

ディスプレーサシリンダの加工の要点

A部とB部では特に加工精度が要求される。

シリンダのフィンの加工

フィンは、
高温部と低温部の
温度差を保つ。

 段取りと加工上の留意点

ディスプレーサシリンダの段取りと加工上の留意点は以下のとおりです。

- ねじ加工をする前に、ナットA、ナットBを先に加工しておくとよいでしょう。これをねじゲージとして、ねじ切り加工を行います。
- 素材に、冷間引抜材＊を使用すれば、外丸削りの工程を省略できます。
- シリンダヘッド取り付けねじの加工は、ボール盤作業ですが、穴あけ用の治具を準備するとよいです。

 加工手順

ディスプレーサシリンダの加工手順は以下のとおりです。なお、加工手順は要点のみを示し、主軸回転数や自動送り量などは略します。

❶切断した素材の端面、外周を切削し、回転センタを当ててフィン部の溝入れ加工を行います。

＊**冷間引抜材** みがき棒鋼とも呼ばれ、常温（冷間）でダイス穴を通した鋼材のこと。

9

スターリングエンジン部品の旋盤加工

❷フィン部にコレット(「第7章 旋盤加工の治具」)を付けてチャックでつかみ、ね じ部を加工します。

❸ドリルで下穴をあけて穴ぐりバイトで仕上げます。穴は、本文258ページの図のA 部が重要で、C部は寸法公差から外れてもかまいません。ねじと穴は同時加工で仕 上げるとよいです。

❹反転してB部を加工し、仕上げます。各部、必要な面取りをしておきます。

❺ボール盤でD部の穴あけ、ザグリの加工をします。このとき、穴あけ位置をけがい ておいて、先にザグリを行い、次に穴あけをするとよいです。

❻シリンダヘッドを取り付ける穴をあけます。下の図のような穴加工治具を準備して おくとよいです。

❼M3のハンドタップで4カ所のめねじを切ります。ねじが小径なので、ねじを切る ときに力を入れすぎてしまうと、タップが折れてしまいます。切りくずをタップの 溝にためないように注意してねじ切りをします。

ディスプレーサシリンダとディスプレーサシリンダヘッドの穴加工治具

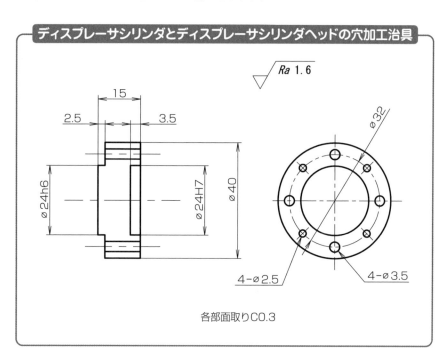

Ra 1.6

15
2.5
3.5
ϕ24h6
ϕ24H7
ϕ40
ϕ32
4-ϕ2.5
4-ϕ3.5

各部面取りC0.3

9-3 ディスプレーサ シリンダヘッド

ディスプレーサシリンダヘッドについて、設計の要点、段取りと加工の留意点、加工手順などを説明します。

設計の要点

ディスプレーサシリンダヘッドの設計（本文282ページ下の図）の要点は以下のとおりです。

- ガスバーナーで加熱する部品ですから、材料は耐熱性を要求されます。また、さびにも強い材料であることが望ましい部品です。ステンレス鋼は、この条件を満たしますが粘り強く、旋盤では切削しにくい材料です。銅も同様に削りにくい材料です。アルミニウムは、耐熱性が劣ります。当初の設計ではS45Cとしましたが、ここでは快削鋼を使います。快削鋼は、さびる問題がありますが、旋盤加工の実習用としては十分と思われます。さびにくい黄銅でつくってもよいでしょう。
- 伝熱面積を大きくするために頭部を球形にするのがよいのですが、加工は難しいものです。「第2章　切削工具の種類と機能」で紹介したような総形バイトができるならば、球形にしてみましょう。
- シリンダと合わせたとき、気密でなければなりません。はめ合う部分は次ページの図に指示した加工精度が必要です。

段取りと加工の留意点

ディスプレーサシリンダヘッドの段取りと加工上の留意点は以下のとおりです。

- ねじ穴の加工は、前ページの図の治具を準備するとよいです。
- 次ページの図に示すように2個取り（2台分）にして、素材を切断しておくと加工しやすいです。2個取りは、チャックのつかみ代が十分にない形状の場合に有効な方法です。
- 肉厚が薄いので、コレットを使用するとよいです。そのために、φ22は一定の寸法公差（h7程度）内に仕上げておく必要があります。

9

スターリングエンジン部品の旋盤加工

261

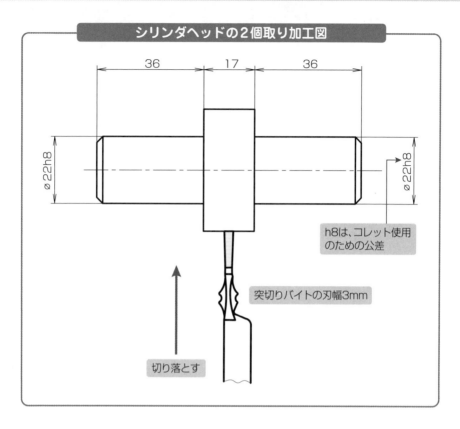

シリンダヘッドの2個取り加工図

h8は、コレット使用
のための公差

突切りバイトの刃幅3mm

切り落とす

 加工手順

ディスプレーサシリンダヘッドの加工手順は以下のとおりです。

❶素材切断：2個取りの寸法で材料の丸棒を切断します。

❷図のように端面ならびにφ22の外径を仕上げます。そして突切りバイトで切断します。次に、コレットを使用してチャックでつかみ、φ20の穴をあけ、フランジ部を加工します。

❸ボール盤作業：4カ所の穴をあけます。ディスプレーサシリンダと共用の治具（本文260ページの図）を使用するとよいでしょう。

パワーシリンダ

パワーシリンダについて、設計の要点、段取りと加工の留意点、加工手順などを説明します。

設計の要点

パワーシリンダの設計（本文283ページ上の図）の要点は以下のとおりです。

- 材料は加工性のよいものを選択します。パワーピストンが入るため、耐摩耗性のあるものがよいです。当初の設計ではS45Cとしましたが、黄銅などが適しています。ここでは、加工しやすい快削鋼を使います。
- ディスプレーサの行程容積と関連してパワーピストンの行程容積が決まります。したがって、シリンダ内径は、決定された行程容積から、ストロークと内径が同程度になるように設計します。経験上、ストロークはあまり長くしないほうがよいと思われます。

段取りと加工の留意点

パワーシリンダの段取りと製作上の留意点は以下のとおりです。

- シリンダヘッドと組み合わされる端面は、気密を保つためにできる限り滑らかに仕上げます。
- シリンダ内面は、パワーピストンが摺動＊（しゅうどう）して、かつ、気密を保つために、極めて滑らかな面に仕上げ、ピストンとのすきまはできる限り小さくするように加工します。組み立てて動かないエンジンは、この点に起因しているものが多いので、加工には十分注意します。油膜で気密が保たれる程度のはめ合いです。
- 加工上、次ページに示すように2個取りにするとよいです。2個取りでない場合は、長手取りとして、加工手順を工夫してみましょう。
- 穴加工治具（本文265ページ）を準備するとよいです。

＊**摺動**　機械の装置などを滑らせて動かすこと。

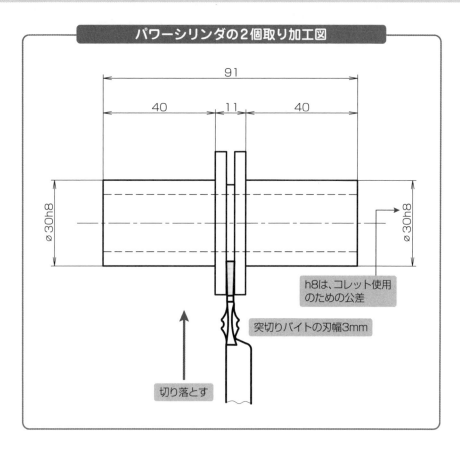

パワーシリンダの2個取り加工図

91

40 11 40

φ30h8

φ30h8

h8は、コレット使用のための公差

突切りバイトの刃幅3mm

切り落とす

 加工手順

パワーシリンダの加工手順は、以下のとおりです。

❶φ50の材料を約92mmに切断し、面削りをしてセンタ穴をあけます。次にφ30の外周を加工します。コレットを使用して、φ18のドリルで下穴をあけます。上図のように、突切りバイトで切り落とします。

切断したものをコレットを使用してチャックにつかみ、端面ならびに穴の仕上げ加工をします。穴の寸法は、シリンダゲージまたはプラグゲージで確認しながら精密に滑らかに仕上げます（穴を大きく加工しすぎた場合は、パワーピストンの外周加工のときに調整すると不良品にしなくても済みます）。

❷ボール盤作業：パワーシリンダヘッドと共用の穴加工治具を使用して、穴をあけます。

パワーシリンダとパワーシリンダヘッドの共用の穴加工治具

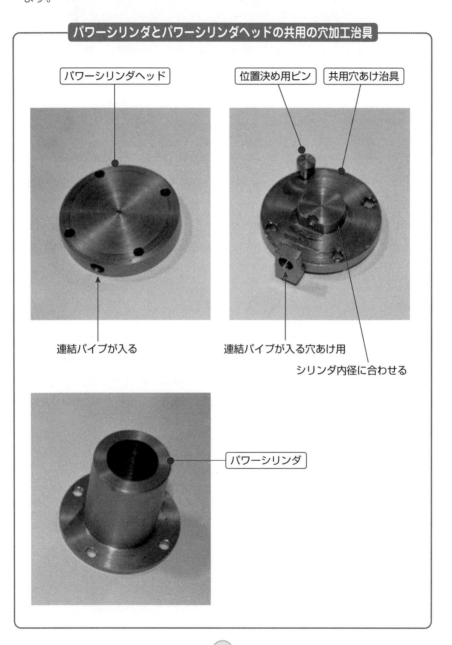

パワーシリンダヘッド

位置決め用ピン

共用穴あけ治具

連結パイプが入る

連結パイプが入る穴あけ用

シリンダ内径に合わせる

パワーシリンダ

9

スターリングエンジン部品の旋盤加工

9-5 # パワーピストン

パワーピストンについて、設計の要点、段取りと加工の留意点、加工手順などを
説明します。

設計の要点

パワーピストンの設計 (本文283ページ下の図) の要点は以下のとおりです。

- 材料は、可動部品ですので、できる限り軽いものが望ましいです。被削性と耐摩耗
  性を考慮して快削アルミニウムを選択します。
- 製作図に示すように、溝を入れて、軽量化するとともに摺動 (しゅうどう) 抵抗を小
  さくして気密性を保つことができるようにしています。

COLUMN　スターリングエンジンの特徴

スターリングエンジンは、環境保全に
適したエンジンとして、次に示すような
様々な特徴を持っています。

①理論熱効率はカルノー・サイクルと等
しく、理想的なエンジン。逆サイクル
であることから、逆に動力を与えれば
冷凍機にもなる。
②気体・液体・固体を問わず多種燃料の
使用が可能。その原理から温度差があ
れば作動するので、排熱や太陽熱エネル
ギー、化学的熱エネルギーでもよい。

③環境保全に適したエンジンである。外
燃機関であることから、燃焼は安定
し、有害排気放出物が少ない。また、
爆発的燃焼ではなく作動ガスの圧力変
化は滑らか。内燃機関に比べて、騒
音・振動は少ない。
④燃焼室や空気予熱器を必要とするた
め、同一出力のガソリンエンジンと比
較すると、重量や大きさの面で不利。
⑤始動や停止の迅速性に欠け、出力変化
の応答性は内燃機関より劣る。
⑥出力特性が低速高トルク型で、内燃機
関に比べて冷却水への排熱が多い。

段取りと加工の留意点

パワーピストンの段取りと加工上の留意点は以下のとおりです。

- ピン穴とすり割り部の加工には、治具を準備するとよいです。加工治具とパワーピストンを写真に示します。
- パワーピストンの外径の仕上げ加工は、組み立て時まで保留しておいて、パワーシリンダの完成後に、シリンダの内径に合わせて加工します。
- 前ページの設計の要点から、溝入れの幅や深さは適当でよいでしょう。

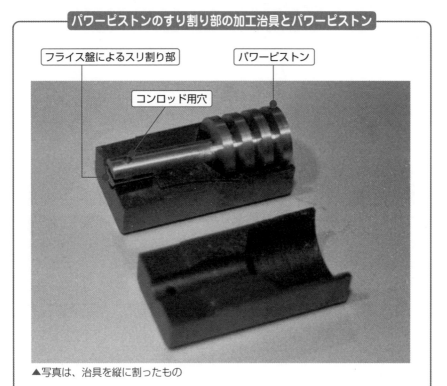

パワーピストンのすり割り部の加工治具とパワーピストン

フライス盤によるスリ割り部　　パワーピストン

コンロッド用穴

▲写真は、治具を縦に割ったもの

9

スターリングエンジン部品の旋盤加工

267

加工手順

パワーピストンの加工手順は、以下のとおりです。

❶適当な長さのφ22の快削アルミニウムの丸棒を準備し、突切り代を見込み、65ｍm程度出してチャックにつかみます。

❷外周を仕上げます。外径φ8はh6の寸法公差が示されていますが、これは治具を使用するための寸法公差です。φ20の外径の仕上げは、のちにパワーシリンダと合わせるのでφ20.5程度に加工しておきます。すでにシリンダが完成していれば、ここで仕上げておきます。

❸治具 (本文267ページ) を準備して、ボール盤でピン穴をあけます。

❹ピン穴の穴をあけたあと、治具に付けてある部品をそのままの状態にして、フライス盤ですり割り加工をします。

❺すり割り部のバリをやすりで面取りします。

スターリングエンジンのサイクルは、等温圧縮、等容圧縮、等温膨張、等容膨張の4工程からなります。この4工程から

スターリングエンジンの熱効率を計算する次の式が導かれます。

$$熱効率\eta = 1 - \frac{冷却部の絶対温度T_2}{加熱部の絶対温度T_1}$$

この式は熱力学の理論で**カルノーサイクル**と呼ばれるサイクルの熱効率と同じ式となり、スターリングエンジンは理論熱効率が最高のエンジンということになります。

また、カルノーサイクルは可逆サイクルですので、スターリングエンジンも同様に可逆サイクルです。可逆サイクルであるということは、エンジンを駆動すれば冷凍機になります。実は、スターリングエンジンよりもスターリング冷凍機のほうが先に実用化されています。

9-6 ナットA、ナットB

ナットA、ナットBについて、設計の要点、段取りと加工の留意点、加工手順などを説明します。

設計の要点

ナットA、ナットB（本文270ページの図）の設計の要点は以下のとおりです。

- ナットA、ナットBはディスプレーサシリンダをフレームに取り付ける部品です。このような単一のナットにするのが合理的と思われますが、パワーシリンダをフレームに小ねじで取り付ける構造にしてもよいです。
- 分解・組み立ての軽便性と旋盤作業の実技学習のために、ナットA、ナットBにローレット加工を施すこととしました。

段取りと加工の留意点

ナットA、ナットBの段取りと加工上の留意点は、以下のとおりです。

- 端面の加工とねじ切りは同時加工で行います。
- 一般に肉厚の薄い部品をチャックにつかむには熟練を要します。切り落とした端面の加工のために**ねじやとい**と呼ばれる治具（本文270ページ）や段付き穴のコレット（本文271ページ）を準備するとよいです。ローレット目を直接チャックのつめでつかむと、目がつぶれて傷になります。

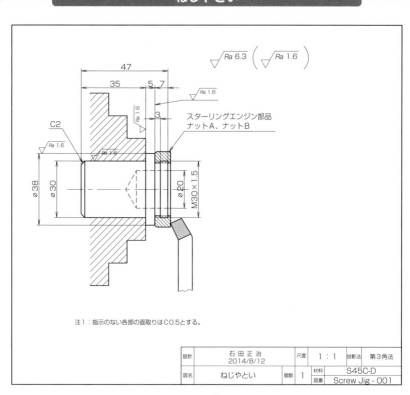

ねじやとい

$\sqrt{Ra\ 6.3}$ $\left(\sqrt{Ra\ 1.6}\right)$

47

35 | 5 | 7

$\sqrt{Ra\ 1.6}$

3

スターリングエンジン部品
ナットA、ナットB

C2

$\sqrt{Ra\ 1.6}$

Ø38 Ø30 Ø20 M30×1.5

注1：指示のない各部の面取りはC0.5とする。

設計	石田 正治 2014/8/12	尺度	1：1	投影法	第3角法
図名	ねじやとい	個数	1	材料	S45C-D
				図番	Screw Jig - 001

名工からの
アドバイス

NC旋盤

NC旋盤による複雑な曲面削り、ねじの切り上げなどは、名工でもかないません。しかし、NC旋盤自身には、段取りはできません。名工の技がプログラム作成に活用されてこそ、NC旋盤はよい仕事ができるのです。

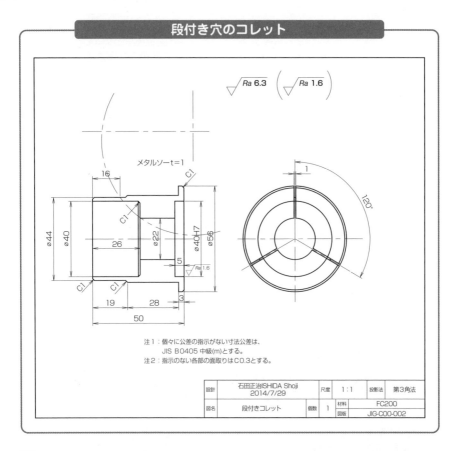

段付き穴のコレット

メタルソーt＝1

注１：個々に公差の指示がない寸法公差は、
　　　JIS B0405 中級(m)とする。
注２：指示のない各部の面取りはC0.3とする。

設計	石田正治ISHIDA Shoji 2014/7/29		尺度	1：1	投影法	第3角法
図名	段付きコレット	個数 1	材料		FC200	
			図版		JIG-C00-002	

加工手順

ナットＡ、ナットＢの加工手順は以下のとおりです。

❶適当な長さの材料をチャックにつかみ、ローレット加工の下地をつくります。仕上がり寸法がφ40であるので、φ39.6±0.1に削り、モジュールm0.3のローレット加工をします。ローレット加工は一種の転造であるので、ねじ加工よりも必ず先に行うように作業手順を組み立てます。

❷下穴をあけます。下穴の直径は、ねじの呼び径からピッチを差し引いた値です。

❸めねじ切りは、めねじ切りバイトで加工してもよいですが、めねじのねじ切りは難しいので、次ページの写真に示すように、心押台のセンタで押しながらタップをスパナで回して加工すると、簡単にめねじを切ることができます。

スターリングエンジン部品の旋盤加工 9

　このとき、旋盤の電源は安全のために切っておきます。

　タップやダイスを使用するときは、切削性をよくする専用の切削油剤（タッピングペースト）を使用します。

❹ねじ切り後は、横剣バイトで端面削りならびに面取りをしておきます。

❺突切りバイトで指定された寸法に切り落とします。

❻切断面の面削りおよび面取りは、ねじやといやコレットを使用して加工します。

　ねじやといやコレットを使用すると、ローレット部をチャックのつめで傷付けることなく加工できます。

タップによるめねじ切り

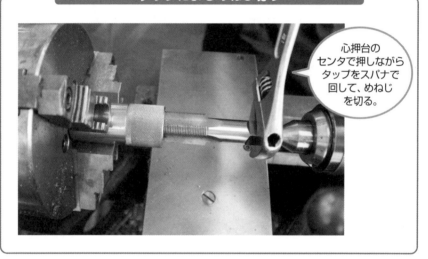

心押台のセンタで押しながらタップをスパナで回して、めねじを切る。

名工からのアドバイス

加工素材の色

名工の目は、加工素材の材質を微細な色で見分けます。同じ鋼材でもステンレス鋼は白っぽく、クロム鋼は黒っぽく見えます。銅合金の中でも**砲金**（ほうきん：銅と錫の合金）と黄銅と青銅は、それぞれ肌の色合いが微妙に違います。

272

9-7 フライホイール

フライホイールについて、設計の要点、段取りと加工の留意点、加工手順などを説明します。

 ## 設計の要点

フライホイールの設計の要点は以下のとおりです。

- フライホイールの大きさや形状は、試作の結果求められたもので、経験に基づいています。フライホイール効果を高め、できる限り軽量につくるのがよいです。
- フライホイールの外径は、一定の大きさが必要ですが、学校にある旋盤の能力から考えて直径60〜70mm程度が適当です。直径を大きくした場合は、厚みを少なくします。また、軽量化のためにウェブ部に穴を適宜あけます。
- ディスプレーサ側とパワーピストン側ではストロークが異なるため、コネクチングロッドを取り付けるねじの位置は同一ではないです。それぞれのストロークは、経験により最適値としたものです。位置を変えて、いろいろなストロークで実験してみるとよいでしょう。
- 材料は安価で被削性のよいSUM23またはS45Cを選択します。同種のものであれば、材質は問わない部品です。
- フライホイール効果を高めるためにウェブ部に穴をあけましたが、ボス部とアーム部を軽量のアルミニウム合金でつくるなど、組み合わせたものでもよいと思われます。

段取りと加工の留意点

フライホイールの段取りと加工上の留意点は以下のとおりです。

- フライホイールは、主軸が入る穴以外は特に精密な加工をしなくてもよいです。運転時に振れが出ないように、軸芯の直角度には留意します。
- フライホイールは、このスターリングエンジン部品の中では加工が比較的難しい部品です。また、加工に時間がかかります。作業を容易にするために、「第7章　旋盤加工の治具」で紹介した「正直台」を準備するとよいです。

9

スターリングエンジン部品の旋盤加工

273

・ウェブ部の軽量化のための穴あけには治具を準備するとよいでしょう。

フライホイール

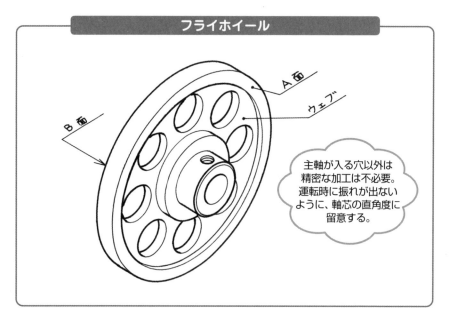

主軸が入る穴以外は
精密な加工は不必要。
運転時に振れが出ない
ように、軸芯の直角度に
留意する。

 加工手順

フライホイールの加工手順は以下のとおりです。

❶φ70の快削鋼丸棒を準備し、仕上げ代を見込み22mm程度に、帯のこ盤などで2
個切断します。

❷旋盤のスクロールチャックに正直台を取り付け、切断した素材を取り付けます。

❸横剣バイトで端面を荒加工し、外径を1mm程度削ります。加工の途中でも、治具
などを使用することを考えて面取りをしておきます。

❹チャックに材料を反転してつかみます。このとき、面取りされていないと、角が
立っていて正しく材料をチャックにつかませることができません。端面を加工し、
仕上げ代を0.2mm程度残して全長を決めます。

❺外径をφ68に仕上げます。このとき、安全のためにセンタで支えて加工します。

❻図に示すB面の端面を加工し、仕上げます。加工後、面取りC1をとります。

❼再度反転してつかみ、A面のボス部外径を加工し、仕上げます。

❽A面ウェブ部を、この部分の加工専用バイトをフェールバイトでつくり、加工します。

❾加工後、各部の面取りをします。

❿反転してつかみ直し、主軸の穴ぐりをします。φ10H7の穴は、リーマで仕上げるので、ドリルで下穴をあけます。

　ドリルは、φ9、φ9.5、φ9.8のように3段階程度に径の小さいものから順次大きくして加工すると、穴が曲がらなくてよいです。ドリルでの下穴は一度にあけるのではなく、細い径のものから順次3段階程度に太くしていくと振れが少なくなります。リーマ通しよりもできれば、小さな穴であるので加工は難しいですが穴ぐりバイトで加工するとさらによいです。

⓫穴加工後、ボス部の端面を仕上げ、穴の面取りをします。

⓬M3のめねじを加工する位置のけがきをし、ポンチ*を打ちます。

⓭治具を使用して、ウェブ部の穴ならびにねじの下穴をあけます。

⓮ウェブ部の面取りをし、タップでねじを切ります。

正直台を使用してフライホイールを加工する

正直台

旋盤のスクロールチャックに正直台を取り付け、切断した素材を取り付ける。

9 スターリングエンジン部品の旋盤加工

*ポンチ　金属材料に穴をあける位置に目印をつける工具のこと。

9-8 スライディングシール

スライディングシールについて、設計の要点、段取りと加工の留意点、加工手順などを説明します。

設計の要点

スライディングシールの設計の要点は以下のとおりです。

- スライディングシールは、ディスプレーサロッドが高速で摺動（しゅうどう）することから、摩擦抵抗を極力減らす必要があります。また、気密性が要求される部品です。

設計では、加工はやや難しくなりますが、φ6の穴の内部をえぐり、摺動抵抗を小さくして気密性を保つことができるようにしました。

- 材料は、被削性と耐摩耗性を考慮して黄銅としました。

段取りと加工の留意点

スライディングシールの段取りと加工上の留意点は以下のとおりです。

- φ7の加工には穴ぐりバイトが必要ですが、写真に示すような完成バイトを利用してつくるとよいでしょう。
- φ6のリーマを準備します。

完成バイトの穴ぐりバイト

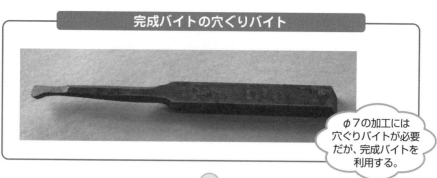

φ7の加工には
穴ぐりバイトが必要
だが、完成バイトを
利用する。

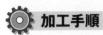 **加工手順**

スライディングシールの加工手順は以下のとおりです。

❶φ28程度の材料を準備し、加工後に切り落とすための突切り代を見込んで約35
mm出してチャックにつかみます。

❷穴加工が難しいので、穴から仕上げます。φ6H7の穴は、リーマで仕上げるので、
ドリルで下穴をあけます。

ドリルは、φ6.5、φ6.8、φ6.9のように3段階程度に径の小さいものから順次
大きくして加工すると、穴が曲がらなくてよいです。

❸φ6H7の穴は、リーマで仕上げます。リーマは、心押軸に取り付けたドリルチャッ
クに取り付けて使います。

❹前ページの完成バイトの穴ぐりバイトで、φ7の部分を削ります。

❺各部面取りをして、突切りバイトで切り落とします。

❻コレットを使用して、チャックにつかみ、切り落とした端面の面削りと面取りをし
て仕上げます。

スライディングシールのリーマ加工

リーマは、
心押軸に取り付けた
ドリルチャックに
取り付けて使う。

9

スターリングエンジン部品の旋盤加工

9-9 ディスプレーサ

ディスプレーサについて、設計の要点、段取りと加工の留意点、加工手順などを説明します。

設計の要点

ディスプレーサの設計の要点は以下のとおりです。

・ディスプレーサは、できる限り軽量につくらなければなりません。また、材料は耐熱性があり、さびにも強い材料であることが条件です。

　設計では、耐熱性はやや劣りますが、比重量の小さいアルミニウム合金を選択しました。ディスプレーサの強度は特に要求されないので、アルミニウム合金は被削性のよいものとしてA2011を使います。

・軽量化のために中空構造としました。中空構造は、その加工にやや技能を必要とするため、中実でもかまいません。中実の場合は、エンジンの最高回転数が慣性のために中空構造のものより劣ります。

・ディスプレーサの長さは、高温部と低温部の温度差を保つためにある程度必要です。あまり長くしすぎると慣性重量が増し、性能に影響します。

・ディスプレーサの直径は、ディスプレーサシリンダ内径に合わせて決めます。ディスプレーサとディスプレーサシリンダとのすきまは性能に大きな影響を与えます。

　すきまが小であると掃気抵抗が増加し、すきまが大であると高温部と低温部の温度差を保持しにくくなります。経験によれば直径差で0.5mmから0.8mm程度のすきまを与えるとよいでしょう。

・ディスプレーサの表面は、ディスプレーサシリンダ内面とともに再生器の役割を果たすので、特に滑らかに仕上げる必要はなく、中仕上げ程度でよいです。

段取りと加工の留意点

ディスプレーサの段取りと加工上の留意点は以下のとおりです。

- 中空タイプのディスプレーサの場合、次ページの図で本体のBの部品から加工する とよいです。
- Bの部品のM6のねじ加工は特に注意します。軸心から大きく傾いてねじ切りして しまうことのないように心がけます。
- ディスプレーサを外径φ19.5に加工するとき、ディスプレーサロッドを先に加工 しておきます。ディスプレーサロッドを組み付けてから加工すると、心出しが容易 です。

 加工手順

ディスプレーサの加工手順は、以下のとおりです。

●Bの部品の旋盤作業

❶素材は、φ22程度の被削性のよい快削アルミニウムを準備します。

❷加工後に突切りバイトで全長46mmで切り落とすため、55mm程度出して チャックにつかみます。

❸横剣バイトで面削りをし、センタ穴ドリルでセンタ穴をあけます。センタ穴は、ド リルでの穴あけの際に、ドリルが振れないようにするためです。

❹φ16のドリルで下穴をあけてから、φ17、次にφ18の内径を仕上げます。外径 を、コレットに入るようにφ20に仕上げます。

❺突切りバイトで46mm程度に切り落とします。

❻切り落とし後、コレットを使用して部品をチャックにつかみ、端面およびM6のね じを加工します。

M6のねじは、軸心と一致していることが重要ですので、旋盤作業のときに同時加 工します。心押軸のドリルチャックにタップを取り付けます。ただし、タップは細いの で、無理な力が加わらないように注意して、ねじ切りのときには心押台のハンドルを 回してやるとよいです。スパイラルタップを使用するとさらによいでしょう。

9

スターリングエンジン部品の旋盤加工

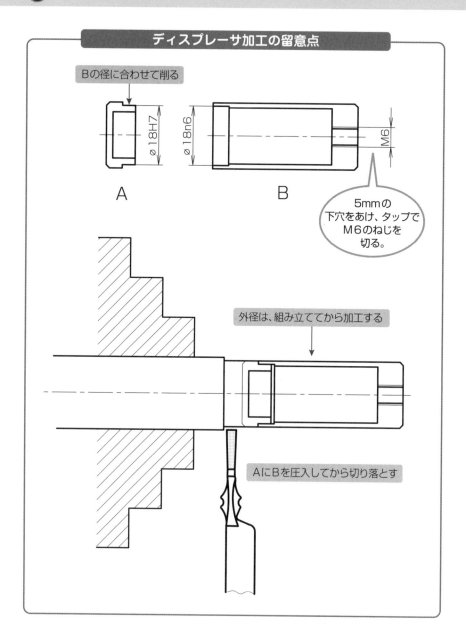

ディスプレーサ加工の留意点

Bの径に合わせて削る

⌀18H7

⌀18n6

M6

A

B

5mmの下穴をあけ、タップでM6のねじを切る。

外径は、組み立ててから加工する

AにBを圧入してから切り落とす

●Aの部品の旋盤作業

❶Bと同様の手順で加工します。φ18の部分は、H7n6のしまりばめです。先に加工したBの部品と合わせながら、削りすぎないように注意して仕上げます。

❷加工後、Bの部品をセンタで押さえるなどして打込み、突切りバイトで切断して端面を加工します。

●外径の調整

外径φ19.5は、ディスプレーサロッドを組み付けてから、最終の組み立て時に調整しながら加工します。

完成したディスプレーサとディスプレーサロッド

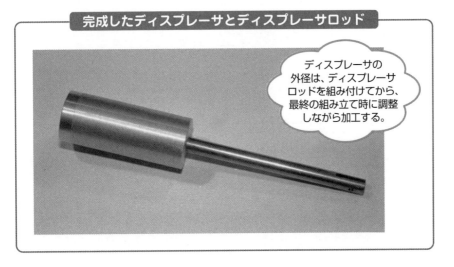

ディスプレーサの外径は、ディスプレーサロッドを組み付けてから、最終の組み立て時に調整しながら加工する。

9

スターリングエンジン部品の旋盤加工

参考：本章で説明したスターリングエンジン部品のうち、ディスプレーサシリンダ、ディスプレーサシリンダヘッド、パワーシリンダ、パワーピストンについて、部品図を次ページ以降に紹介します。

ディスプレーサシリンダ（材料：SUM23）

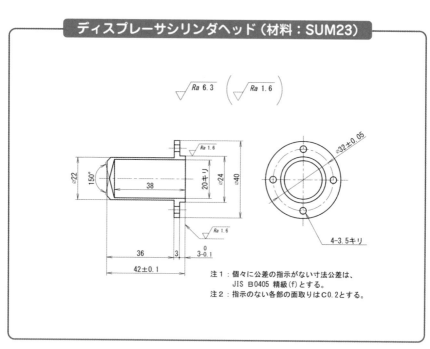

$\sqrt{}$ Ra 6.3   ($\sqrt{}$ Ra 1.6)

4キリ⌴∅6▼5

8

∅32±0.05

4-3M

∅50

∅40

∅24 $^{+0.03}_{0}$

Ra 1.6

$3^{+0.1}_{+0.05}$

∅26

∅28

∅20 $^{-0.03}_{-0}$

M30×1.5

∅40

Ra 1.6

C1

Ra 1.6

Ra 1.6

2

3 3

11×3 (=33)

15

3 3

14

17

20

70

注1：個々に公差の指示がない寸法公差は、
　　　JIS B0405 精級 (f) とする。
注2：指示のない各部の面取りはC0.2とする。

ディスプレーサシリンダヘッド（材料：SUM23）

$\sqrt{}$ Ra 6.3   ($\sqrt{}$ Ra 1.6)

Ra 1.6

∅22

150°

∅24

20キリ

∅40

38

∅32±0.05

Ra 1.6

4-3.5キリ

36

3

$3^{0}_{-0.1}$

42±0.1

注1：個々に公差の指示がない寸法公差は、
　　　JIS B0405 精級 (f) とする。
注2：指示のない各部の面取りはC0.2とする。

パワーシリンダ（材料：SUM23）

$\sqrt{}$ Ra 6.3 $\left(\sqrt{}\text{ Ra 1.6} \right)$

4-4キリ

∅50
∅42±0.1
Ra 1.6
Ra 1.6
∅20 +0.02 0
∅30 0 −0.1

3±0.03
40
43

注1：個々に公差の指示がない寸法公差は、
　　　JIS B0405 精級(f)とする。
注2：指示のない各部の面取りはC0.2とする。

パワーピストン（材料：A2011）

$\sqrt{}$ Ra 6.3 $\left(\sqrt{}\text{ Ra 1.6} \right)$

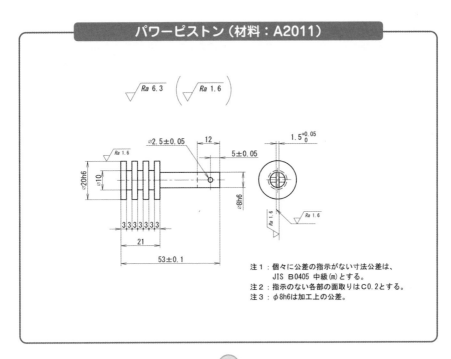

∅2.5±0.05
12
5±0.05
1.5 +0.05 0
Ra 1.6
∅20h6
∅10
∅8h6
Ra 1.6
Ra 1.6

3 3 3 3 3 3
21
53±0.1

注1：個々に公差の指示がない寸法公差は、
　　　JIS B0405 中級(m)とする。
注2：指示のない各部の面取りはC0.2とする。
注3：φ8h6は加工上の公差。

9

スターリングエンジン部品の旋盤加工

索引
Index

ま行

● 著者紹介

石田　正治（いしだ　しょうじ）

1949年、豊橋市生まれ。1968年、株式会社大隈鐵工所研究試作課で旋盤工として勤務。1972年、名城大学理工学部機械工学科卒業後、2年間ドイツに留学。帰国後、県立学校機械科の教員となる。名古屋工業大学非常勤講師、現在、名古屋芸術大学非常勤講師などを務める。
1990年、技術教育のための教材開発と産業遺産研究の功績により中日教育賞受賞。
1994年、全国からくり作品コンテストに「指南車」を出品し、グランプリを受賞。
2002年、名古屋大学大学院前期課程修了、教育修士。

【主な著作】
『スターリングエンジンの製作 －実習、熱機関の授業を楽しく－』(社) 全国工業高等学校長協会、1991年刊
『日本の機械工学を創った人々』共著、オーム社、1994年刊
『ものづくり再発見』中部産業遺産研究会編、共著、アグネ技術センター、2000年刊
『図解入門　現場で役立つフライス盤の基本と実技 [第2版]』秀和システム、2020年刊

編集協力：株式会社エディトリアルハウス

イラスト：まえだ　たつひこ

図解入門 現場で役立つ
旋盤加工の基本と実技 [第2版]

| 発行日 | 2020年10月 1日 | 第1版第1刷 |
| | 2024年 1月25日 | 第1版第2刷 |

著　者　石田　正治

発行者　斉藤　和邦
発行所　株式会社　秀和システム
〒135-0016
東京都江東区東陽2-4-2　新宮ビル2F
Tel 03-6264-3105（販売）Fax 03-6264-3094
印刷所　三松堂印刷株式会社　　　　Printed in Japan

ISBN978-4-7980-6287-7 C3053